小猛犸童书

给孩子讲前沿科技

陈根 / 著　陈晓珊 田喆 陈奕心 等 / 绘

改变未来的身边科学

电子工业出版社

Publishing House of Electronics Industry

北京·BEIJING

探索未来无限可能

亲爱的孩子们：

　　你们这一代人所面临的挑战与不确定性远大于我们的时代，所以很难用以前的经验指导你们来战胜未来的困难。在你们未来成年后的时代，你们将要面对的是生物基因工程所带来的生命伦理道德的挑战与改变，人工智能所带来的人的自由意志与机器人主体意志的伦理挑战，疫情所带来的全球化与逆全球化的人类发展困境的挑战，脑机混合技术所带来的人与机器人之间的伦理与道德的挑战，外太空探索技术所带来的人类生存与物种存续的道德挑战，量子科学发展所带来的宗教意志与伦理的挑战……当然，这只是未来时代将面临的诸多挑战中的一部分。

　　今天的一些知识与教育观念不一定能有效地帮助你们面对未来，随着科学技术不断地向前探索与推进，人类将不断地向未知地带探索。这是一种机遇、一种挑战，更是一种压力。作为科技作家，我已经预见到了之后你们所要面对的环境。但是我也没有去过未来的社会，未来的道路需要你们的学习能力与创新能力，需要你们开动脑袋中的小宇宙来探索前方未知的道理。

　　这里是我的一些思考，或许这些对于你们的成长，以及更好地面对不确定性不断增加的未来社会，会是比较重要的参考元素：

　　爱心：我们的内心一定要保持爱的能力，这是一种特别强大的能力。就像物理学中作用力与反作用力的理论一样，当我们心怀爱心温柔地对待这个世界的时候，世界终会因我们的这种爱心而美好。未来我们在面对人工智能机器人的时候也是如此，当我们以爱心对待它们的时候，它们也会因为我们的爱心而变得更有爱心。

探索：在你们成长的道路上会受到各种各样的规则与要求的束缚，这些规则与要求是为了让我们有一天能够探索出新的规则与方法。在学习的道路上要始终保持一颗好奇心，学习好当下的知识的同时要多思考为什么。

学习：这或许是唯一能应对与打败困难的方法。因为我们每一个人所知道的知识都非常有限，也经常会面对一些自己没有遇到过的困难，而唯一能战胜这些困难的办法就是不断地学习。所以，一定要培养一个好的学习的习惯，努力让自己能每天在知识的海洋中多徜徉一会儿。

毅力：我们每个人都有习惯性的懒惰，对于大人来说克服惰性的办法只有依靠自己的毅力与自律。庆幸的是在你们小的时候，还有大人能帮助你们一起来克服与打败惰性。不论现在或是以后，你有什么兴趣爱好，或者是什么梦想，能够帮助你实现梦想的一定不是神笔马良，而是学习+毅力。

感恩：请记得，我们一定要心怀感恩面对这个世界。我们人类一直希望在一个不太公平的世界里寻找到绝对的公平，人类的脚步一直都向着更美好的公平方向努力。因此，拥有一颗感恩的心是一件无比美好的事情，感恩的心将会给人生带来意想不到的惊喜。

科技作家 陈根

致我亲爱的孩子

　　我亲爱的孩子，爸爸答应了你要为你这个年龄段的孩子们写一本你们能看懂的科普书，今天爸爸做到了对你的承诺。这几年爸爸一直在思考，到底什么样的教育才是正确的教育，到底应该怎么样来跟你分享、探讨关于教育的问题。为了学习如何做一个可能正确的爸爸，我这几年里去到美国、欧洲、亚洲等发达与不发达的国家与地区，并到大家心目中的学术圣地哈佛、剑桥、MIT等学校去访学。但很抱歉地对你说，爸爸至今还没有明白在当下如何教你用一种方法来应对未来不确定的社会，但爸爸会一直是你的好朋友，会陪伴着你一起探索、成长。

　　爸爸无法陪伴与保护你一起走完你的人生，只能陪着你走过你人生路上的一小段，而未来还有一大段路需要你自己面对。需要你自己走的那一大段人生路，对于爸爸来说也是一个未知的未来。其实你们这一代人所面临的挑战与不确定性远大于爸爸面临的这个时代，所以爸爸很难用现在的经验指导你们来战胜未来。但爸爸可以肯定的是，如果你们掌握了学习的方法，热爱学习、不怕困难、保持好奇、心怀梦想、不断创新，就一定能在未来的社会中创造惊喜。

　　爸爸也一直在关注与学习你们所学习的知识与课本，这些知识的学习非常重要。尽管这些学习中大部分都没有涉及未来社会，更多的只是讨论历史中已经发生的事情，以及当下大家所形成的一些共识，但我们通过这些学习可以了解过去和当下，因为人类社会的发展一直是螺旋式的向前拓展与探索的。

　　写这本书，爸爸是想跟大家分享我们人类社会目前的发展状况，帮助我们了解更多的科技知识，或许我们从这些前沿科技知识的探索中能找到自己的兴趣点。如果在阅读的时候会产生一些疑问，那要祝贺你，因为你认真地阅读了，并且在阅读的过程中思考了这些问题。这些知识是人类社会目前最前沿的技术，是最新的技术，是很多科学家都在研究的新知识。而你们在这么早的阶段就接触到了这些知识与技术，并且有了一些思考与探索，这是一件非常了不起的事情。

如果你们能在阅读中始终保持好奇心，保持探索的心，或者我们可以尝试着将你阅读过程中的一些疑惑记录下来，并且尝试着一步一步地查阅这些疑惑的知识点。我们可以寻求大人的帮助，借助互联网、图书馆的查阅试着了解这些疑惑。只要我们能保持这颗好奇心、探索心、阅读心，就能在不断的学习中解决我们成长过程中的疑惑，以及未来可能面对的困难。

我爱你，我的孩子。爸爸一直在努力学习如何当一个合格的父亲。爸爸心怀感恩，写下这套给你、给诸多和你一样的孩子的科普图书，让自己能够有机会进行更广阔的探索，通过学习不断地克服惰性，终于完成了这份美好的礼物。爸爸和你一样，每天也在努力地学习，让我们一起努力来开启我们的知识海洋的探索之旅。

最后，爸爸想对你说，其实每一个小朋友都是上帝派来的天使，每一个天使都是超人，都拥有超人的能量。不论周围的人是不是相信你拥有超能量，但你要相信自己是拥有独特超能量的天使。我们在成长的道路上会遇到各种各样的大困难或者小困难，或许是生活上的，或许是学习上的，或许是同学关系上的，但你只要开动自己的小脑袋，然后把属于你的超能量发挥出来，就一定能战胜各种各样的困难。

永远爱你的爸爸

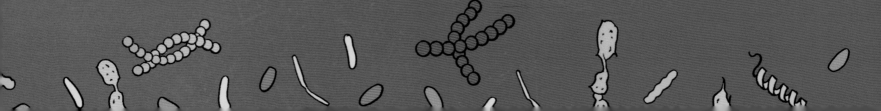

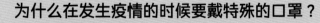
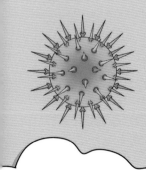

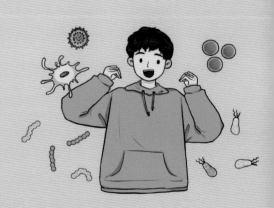
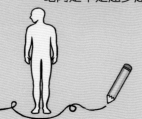

微生物在我们的身体里扮演了什么角色？

消化系统中的微生物

我们知道，如果感染了细菌或者其他有害的微生物，我们就有可能生病，所以许多人都觉得微生物对我们是有害的。但是，科学家们研究后却发现，微生物在我们身体里也起着重要的作用。微生物在消化食物、调解人体免疫功能、抵御疾病以及生产人体必需的维生素方面都扮演着重要角色。

从**代谢和消化**的角度上说，口腔中友好的厌氧菌，开启了消化食物的第一步；尽管胃里是强酸环境，但仍然有细菌存活，它们会对胃酸的分泌产生一定影响；肠道中的细菌能够合成多种营养素，譬如**维生素 K**，而这是人体自身细胞所合成不了的。

肠道中的食物残渣会通过结肠最终到达直肠，我们自身无法消化和吸收这些食物残渣。但是，结肠里的细菌却能将它们进一步消化，比如，果蔬里的纤维素不能被小肠直接消化，却能被结肠里的细菌利用，这些细菌会代谢分泌出一些叫"**短链脂肪酸**"的物质，可以被我们的肠道吸收。

免疫系统中的微生物

在人体免疫功能方面，人体内的微生物和免疫系统相互作用，贯穿了我们的一生。微生物影响人体免疫功能的方式有很多种。首先，微生物在生长过程中会分泌一种**抑制**其他微生物生长的物质，因此，人体中正常菌群平衡能够帮助我们阻止其他病菌的入侵。

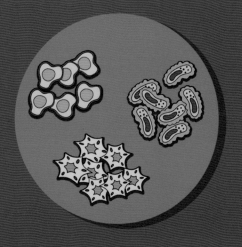
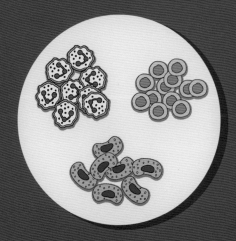

皮肤上的微生物

    其次，在人体免疫系统的发育过程中，微生物的作用依旧不可小觑。微生物可以不断地使我们的免疫系统得到"训练"，有益的肠道微生物可以促进人体内部抗体的**合成**，同时，也能提高宿主免疫系统对自身细胞与自身微生物的识别容忍，进而减少人体免疫疾病的产生。此外，肠道的微生物还能够合成一定的抗炎物质，可以抑制因过度免疫产生的不良反应。

    除肠道外，我们的皮肤以及黏膜表面也生存着许多微生物，它们同样有非常重要的生理功能。皮肤表面正常菌群除了**分泌抗生素**，还能够帮助我们**抵御病原菌**，并且能够将自身皮脂腺的分泌物转变成一种具有保湿作用的油脂，使我们的皮肤得到滋润。

我们的肚脐眼儿里有多少细菌？

肚脐眼儿是人体最"高尚"的身体部位。它是婴儿和母亲沟通的渠道，是婴儿开始吸收营养的"**第一张嘴**"，也是在你呱呱坠地之后，这个世界给你留下的第一个伤痕。中医称肚脐眼儿为"神阙穴"，是人体中唯一可以用手触摸、用眼睛看到的穴位，也是比较脆弱的部位。

来自期刊 PLOS ONE 的一项研究调查了不同人的肚脐眼儿的卫生情况，共发现了 2368 种细菌，其中还有一些是**从未见过的细菌**。该研究一共调查了 60 个人的肚脐眼儿，其中最干净的肚脐眼儿中有 29 种细菌，最常见的细菌有 67 种，而一些肚脐眼儿里的细菌则多达 107 种。

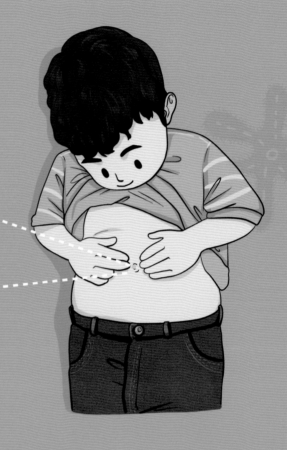

此外，美国北卡罗来纳州立大学的一项研究也发现，肚脐眼儿里的细菌**多达 120 万个**，是马桶细菌的 4100 倍。其中共有 1400 种不同的菌株，近一半以前从未见过，还有一些以前只在海洋中发现过。

细菌在什么情况下，会影响我们的健康？

细菌在一些情况下会影响人体健康，导致疾病的发生或干预疾病的进程。

在皮肤表面主要存在**枯草杆菌、白色葡萄球菌**等，人体皮肤褶皱处由于面积较大且湿度较高，因此比平滑处更有利于菌群生长繁殖。如不能保证皮肤的清洁，会引发过敏、汗腺堵塞、湿疹等多种皮肤病。

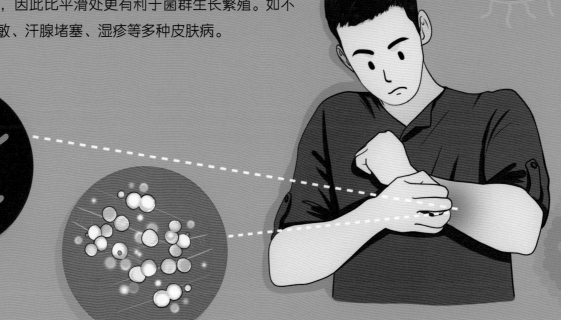

由于口腔与呼吸道较为潮湿，且温度较为适宜，易滋生奈氏菌属、乳酸杆菌以及真菌等。且呼吸道和空气**直接接触**，因此大气中的细菌很容易进入呼吸道，并附着在黏膜层与黏膜分泌物中。不干净的空气，很容易导致呼吸系统的疾病，例如**上呼吸道感染**等。

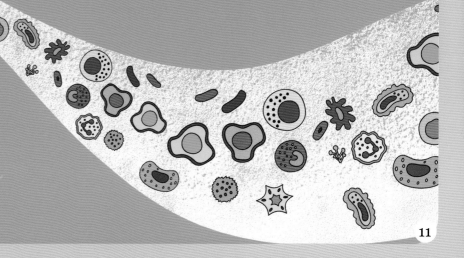

"SARS" 为什么被叫作 "非典"？

从医学上粗略来分，肺炎分为两种：一种是典型肺炎，一种是非典型肺炎。**典型肺炎**主要是指细菌性肺炎，例如最常见的由肺炎链球菌引起的肺炎；**非典型肺炎**则是由特殊病原体引发的，如霉浆菌、披衣菌、退伍军人菌、立克次氏体、滤过性病毒等，SARS 以及新冠肺炎 "COVID-19" 也属于非典型肺炎。

典型肺炎

典型肺炎的症状来得又快又急，而且症状明显、严重，临床表现为发高烧、畏寒、咳嗽、痰液多而黏稠、头痛、胸痛。患者可能会有铁锈色的痰，呼吸时会发出呼噜呼噜的声音，甚至导致呼吸困难。如肺炎链球菌的感染通常在 48 小时内就可能并发重症，让很多人措手不及。

非典型肺炎

非典型肺炎的症状比较不明显，只是胸口闷痛、骨头或肌肉酸痛、干咳，没有痰，或是不咳嗽也不发烧。所以很容易错过黄金治疗时间，留下后遗症。

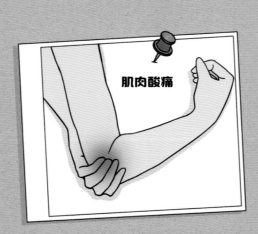

SARS

　　谈及"非典型肺炎"，很多人首先想到的是"SARS"，那是在 2002 年底出现的一次全球性传染病疫潮，直至 2003 年中期疫情才被逐渐消灭。但其实一开始称它为"非典型肺炎"，只是为了区分它和典型肺炎，后来 SARS 也被正名为"**严重急性呼吸综合征**"。但由于许多人对 2003 年的疫情留下了深刻的印象，依旧把 2003 年的"SARS"称为"非典"。

　　此外，SARS 容易刺激肺部和免疫系统，引起肺部积水，同时引发免疫系统的强烈反应，造成不可逆的**肺纤维化**。新冠肺炎则引起下呼吸道痰液变多，在临床的解剖上看到大量黏液塞满肺部的状况，也有小范围的肺纤维化。肺炎虽然很常见，但细菌造成的肺炎，不太容易留下后遗症；而病毒感染造成的肺炎，却很容易留下肺部的后遗症。

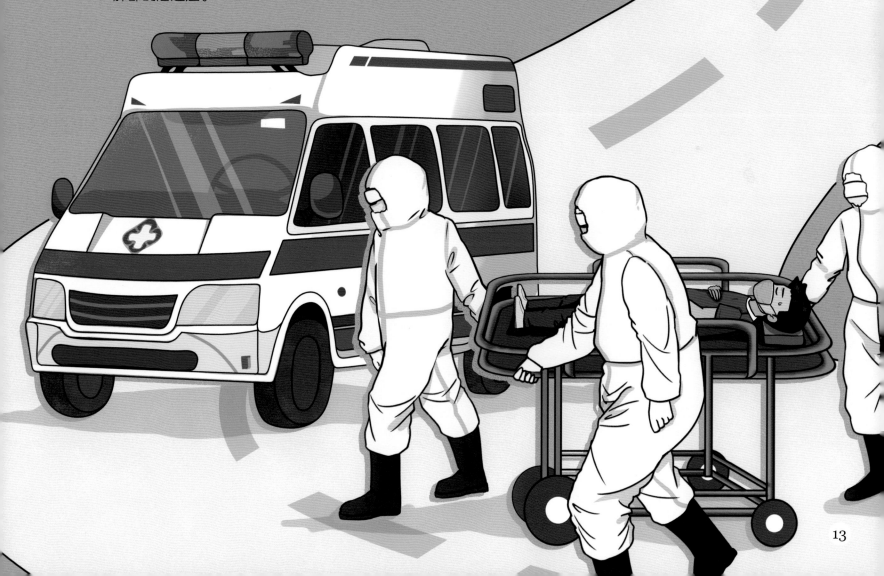

什么是肺部浸润？

　　肺部由无数个**肺泡**组成，这些肺泡负责气体交换，让氧气进入血液中。但如果病菌刺激肺部，让肺部发炎，一颗一颗的肺泡囊里面就会充满脓血和水，氧气就没有空间进入了，这种状况就叫作"肺部浸润"。

　　肺部浸润通常代表**肺部局部发炎**，免疫系统为了运送免疫细胞过来，造成肺组织的水肿，并沿着淋巴往外扩散。而出现肺部浸润，表示免疫系统暂时无法消灭病原体，反而堵塞了肺部的正常运作，患者觉得缺氧、头晕、头痛、胸闷、胸痛。如果肺部浸润的状况越来越严重，才会蔓延到其他呼吸道，引起咳嗽、有痰、发烧。

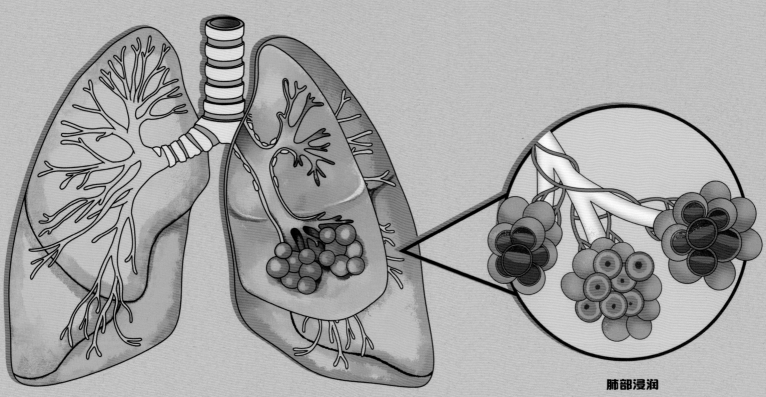

肺部浸润

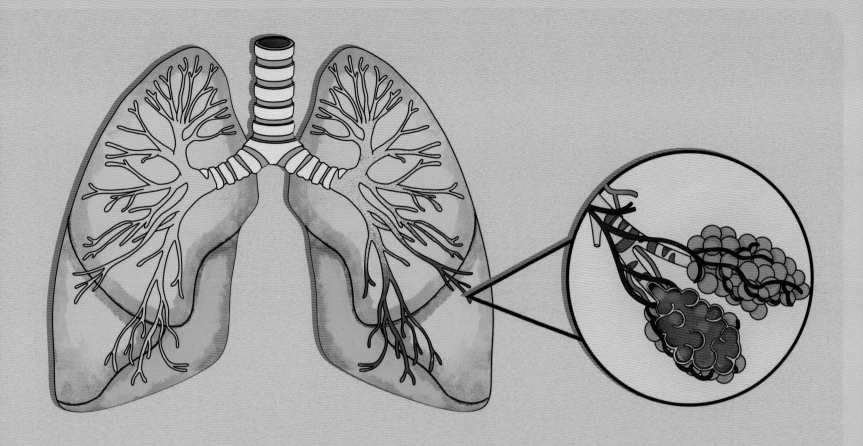

什么是肺纤维化？

肺纤维化，在 2003 年 SARS 大流行时就是很多感染者的梦魇，因为它不只**不可逆**，还会让患者平常的活动也变得容易气喘、咳嗽或易感疲累。

那么，到底什么是肺纤维化？

很多人一定听过肝硬化，代表肝脏变得硬硬的，不再柔软，也失去了原本的功能。肺纤维化也是这样，它俗称"菜瓜布肺"，是指肺部变得像干掉的菜瓜布一样，又粗又硬，没有弹性，所以没办法将空气吸入肺部，运送到全身。不只呼吸会变得很困难，身体也会缺氧。

当肺部因为疾病或其他的原因而"受损"时，就会启动**纤维母细胞**来修复受伤的地方。一旦进行修复，就像我们皮肤上结痂的伤口一样，原本柔软的细胞会变得很硬、很厚，肺泡无法正常地吸入氧气，也无法正常排出二氧化碳，肺部功能就会减弱。

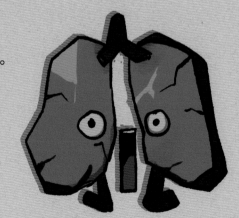

肺纤维化

新型冠状病毒离开人体还能存活多久？

病毒是什么？

病毒不同于细菌，病毒本身缺乏独立的代谢机制，**自身不能复制，只能寄生在活细胞内，利用宿主细胞的代谢系统**，通过核酸复制和蛋白质合成，再组装成子代病毒得以繁殖。简单来说，病毒复制还缺少一些工具，因此，在脱离宿主细胞以后，病毒的生存时间是有限的。且离开宿主细胞以后，病毒的生存时间也会随着环境的改变而改变。

SARS 病毒的抵抗力

2003 年科学家们对 SARS 病毒在外界环境物品中的生存时间和抵抗力做过研究，并模拟了不同环境的**温度和湿度**来检验。实验结果证明，SARS 病毒不耐干燥，在干燥的条件下存活时间相对较短；若一直保持液体状态，则能够在较长时间内保持较强的感染性。

尽管病毒在不同状态下的存活时间不同，但 SARS 病毒在外部环境中仍具有较强的生存能力。与 SARS 病毒同属冠状病毒，且测序同源性达 80% 的新型冠状病毒，也具有**离体的可传播性**。

新冠病毒的存活时间

研究人员通过研究发现，在离开人体后，新型冠状病毒依旧能稳定存活在物体表面。具体来说，在铜表面，4 小时后已检测不到新型冠状病毒，在纸板上则为 24 小时。在不锈钢和塑料表面，新型冠状病毒的存活时间更是分别长达 48 小时和 72 小时。

虽然病毒能够离体存活，但其实际传染性的强弱还要看病毒的**浓度**。病毒浓度越高，导致感染的风险越高，所以专家呼吁大家做好**室内通风**，增加空气流通性，降低气溶胶里的病毒浓度，降低感染风险。

能破坏病毒结构稳定性的因素会导致其**灭活**，如 56℃以上的高温处理 30 分钟、紫外线照射 1 小时等。相比之下，化学物质的影响更为直接，如用肥皂洗手或用浓度为 0.5% 的双氧水或 62%~75%酒精消毒等，可以使病毒在 1 分钟内灭活。

怎么给手机消毒？

　　手机已经成为我们使用频率最高、接触时间最长的**生活必需品**之一。调查显示，普通用户每天平均点击 2617 次手机，而其中 10% 的重度使用者甚至多达 5427 次。那么，如何给手机消毒？

　　可以用浓度为 75% 的酒精杀菌湿纸巾轻轻擦拭手机表面，但尽量避开孔洞处。酒精（乙醇）为醇类消毒剂，可以**凝固蛋白质**，导致微生物死亡，属于中效消毒剂，是目前较常用的消毒产品。

①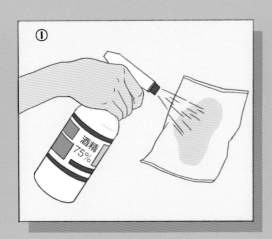

②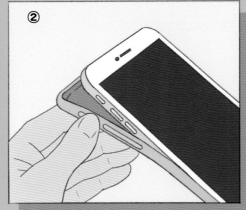

③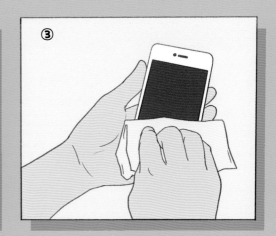

④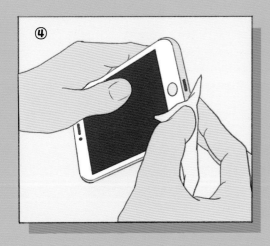

⑤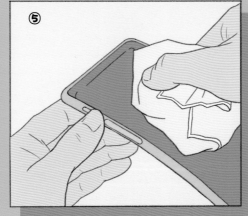

⑥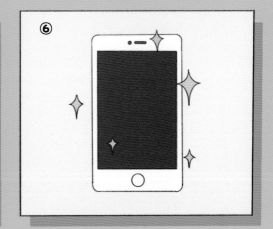

为什么浓度为 75% 的酒精能消毒？

　　酒精之所以能消毒是因为酒精能够吸收病毒蛋白的水分，使其脱水、**变性凝固**，从而达到杀灭病毒的目的。

　　如果使用高浓度酒精，病毒蛋白脱水过于迅速，使病毒表面蛋白质首先变性凝固，形成了一层坚固的**包膜**，酒精反而不能很好地渗入病毒内部，以致影响其杀死病毒的能力。浓度为 75% 的酒精与病毒的**渗透压**相近，可以在病毒表面蛋白未变性前逐渐向病毒内部渗入，使病毒所有蛋白脱水、变性凝固，最终杀死病毒。酒精浓度低于 75% 时，由于渗透性降低，也会影响杀死病毒的能力。

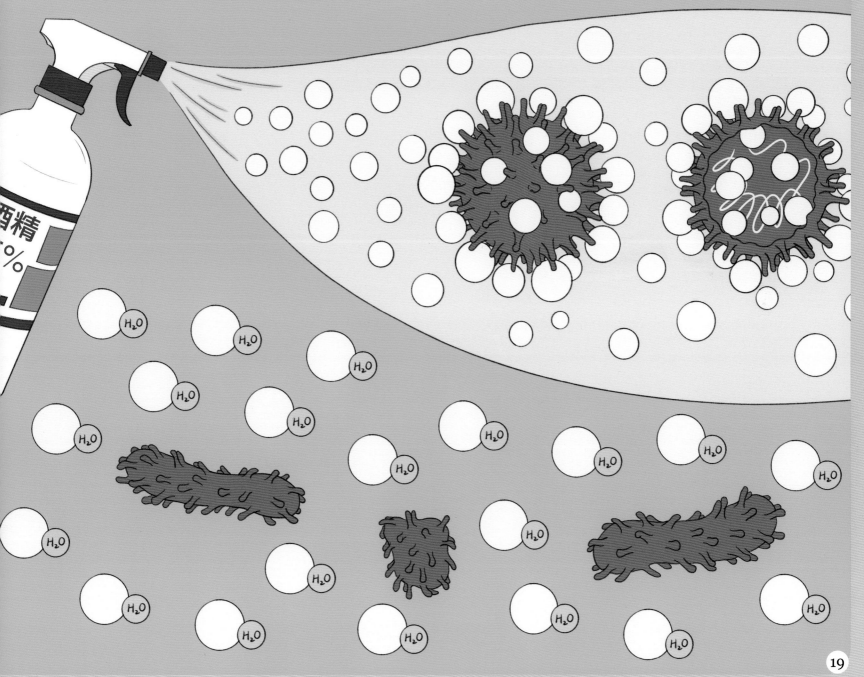

我们和病毒有什么关系？

2020 年，一种新型病毒席卷全球，我们称之为"**新型冠状病毒**"，它引发了全球性的传染病爆发。提及病毒与人类的关系，我们先追溯病毒的过去，病毒是什么时候出现在地球上的？又是什么时候与人类有了联结？

最早的病毒

在《极简人类史》一书中，作者大卫·克里斯蒂安在回顾人类在宇宙历史中的具体阶段时说，假如将整个 130 亿年的宇宙演化史简化为 13 年，那么人类的出现大约是在 3 天前。这样，我们就看到了人类在宇宙中的位置。

我们知道地球的年龄约为 45 亿年，单细胞生物出现在大约 30 亿年前，按《极简人类史》中的换算，相当于 3 年前。这样看来，病毒似乎比人类要古老得多。这也就意味着，当地球上诞生第一个细胞时，病毒很可能就存在了，**病毒的历史可能比人类的历史还要漫长。**

无处不在的病毒

病毒造就了地球今天的环境，而且病毒遍布地球的每一个角落，包括所有我们能想象到的地方，如海洋、冰川、沙漠、火山，当然还

包括人类的身体。病毒在我们的记忆里一直扮演着**十恶不赦**的形象，因为它不仅攻击个人的免疫系统，同时还会引发大规模的传染病流行，威胁人类的生命。

但事实并非如此，有些病毒对人体其实是**有益**的。我们人体内和身体表面的细菌与体内的细胞数量一样多，而肠道内的病毒数量比细菌的数量还要多。实际上，病毒种群在调节体内细菌数量和类型方面有着非常重要的作用。如果没有病毒，肠道中的菌群很有可能失衡，对我们的身体造成损害。由此我们可以知道，**病毒和人类其实一直是共存的**。

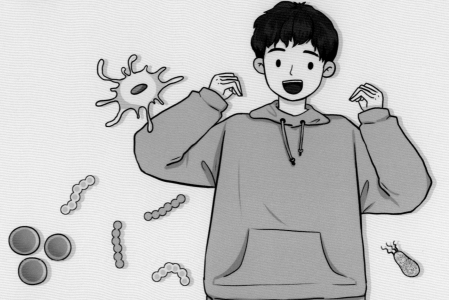

普通感冒和流感有什么区别？

我们通常会误以为流感与感冒类似，其实它们完全是两件事。

普通感冒最常见的元凶叫**鼻病毒**，是一种球形结构的病毒。我们平时感冒流鼻涕就是因为鼻病毒通过空气侵染到了我们的鼻黏膜，发生了炎症反应，导致我们出现感冒症状。

普通感冒 ⇨

而流感却比普通感冒要严重得多，它是由流感病毒引起的**传染性疾病**。重度流感肺炎的死亡率达到 9%，仅次于 SARS 的死亡率——10%。流感病毒分为三种，即甲型、乙型和丙型。其中甲型流感病毒是我们较为熟悉的一种，也是最危险的一种。

历史上最骇人的一场流感发生于 1918 年，这场全球性流感夺走了至少 2500 万条生命，其罪魁祸首就是名为 **H1N1 的甲型流感病毒**。这个强大的流感病毒，其本质也只是一个包裹着一个 RNA 片段的蛋白质。

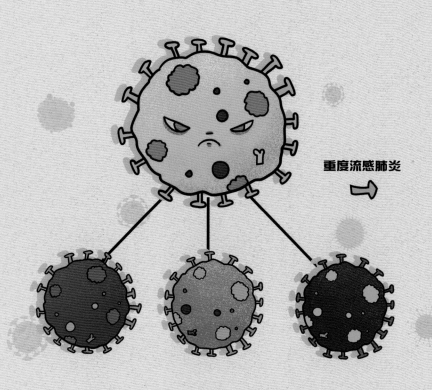

重度流感肺炎 ⇨

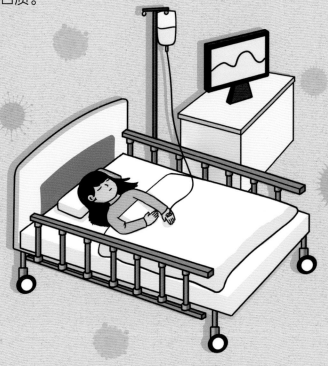

古老的天花病毒是如何被人类消灭的？

天花病毒会引发烈性传染病——天花，该病是目前为止唯一一种在世界范围内被人类消灭的传染病。这是因为在 18 世纪的欧洲，有一位叫爱德华·詹纳的英国医生发明了**牛痘接种法**。

牛痘接种法

爱德华·詹纳

詹纳观察到一件事，得了天花之后脸上会留下很多疤痕，很多痊愈的女性不得不通过抹粉来掩饰疤痕。但是有一类女性基本上不化妆，脸上也没有痘，这些女性就是农场的挤奶女工们。她们基本不出痘子，也不长"麻子"。1796 年 5 月 14 日，詹纳找到一位不久前感染了牛痘（发生在牛身上的传染病）的年轻挤奶女工，詹纳收集了她皮肤上的**脓液**，注射到了一名 8 岁的小男孩菲普斯身上，小男孩发烧几天后便康复了。2 个月后，詹纳再次给小男孩进行接种，而这次是从天花病人的伤口中取出的脓液，菲普斯没有出现任何症状。

农场挤奶女工

这次尝试坚定了詹纳接种牛痘的信心，也让他开启了**疫苗**的研制之路。而这种牛痘接种法就是疫苗的雏形，人们也最终通过疫苗消灭了天花病毒引发的烈性传染病。

为什么在发生疫情的时候要戴特殊的口罩?

疫情让我们都戴上了口罩,也让各式各样的口罩都出现在市场上,三层、四层、五层的口罩都有。一般来说,口罩最外面的一层是**无纺布**,用来阻隔灰尘;中间一层是**熔喷材料**,经过10万伏高压电处理,形成非常细小的绒丝,用来产生静电,吸附颗粒;而最里面的一层是**亲肤无纺布**,对皮肤比较友好,不容易过敏。

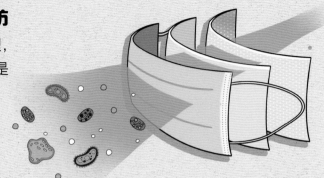

口罩的分类

我们可以把口罩大致分为普通医用口罩、医用外科口罩和医用防护口罩。

普通医用口罩执行医药行业推荐标准 YY/T 0969-2013《一次性使用医用口罩技术要求》,一般应用于普通的医疗环境中,防护等级最低。这一类型的口罩,不能有效阻挡病原体通过呼吸道入侵,也不能对颗粒、细菌及病毒起到有效的防护作用。不过若无更高级别的防护口罩,也可以先戴上。

医用外科口罩执行医药行业强制标准 YY 0469-2011《医用外科口罩技术要求》,一般应用于有体液、血液飞溅的环境里,如医院手术室,防护等级中等。这一类型的口罩,可以有效地阻隔大部分细菌和部分病毒,细菌过滤效率大于95%,非油性颗粒过滤效率大于30%。

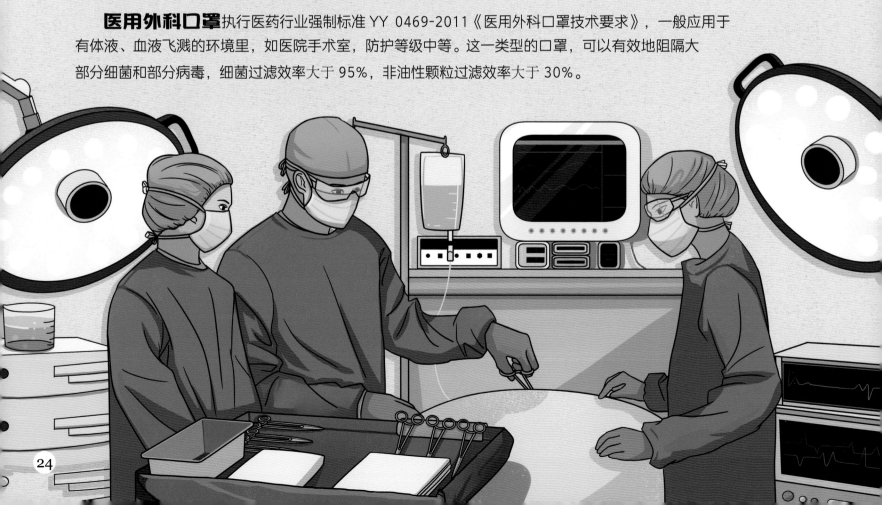

医用防护口罩执行国家强制标准 GB 19083-2010《医用防护口罩技术要求》，适用于医务人员和相关工作人员对经空气传播的呼吸道传染病的防护，防护等级高。这一类型的口罩，可以阻止大部分细菌、病毒等病原体，非油性颗粒过滤效率大于 95%。

那么，在疫情期间经常提到的 KN95 和 N95 口罩又是什么呢？其实，KN95 和 N95 并不是特定的产品名称：**KN95** 是中国标准 GB 2626-2019《呼吸防护自吸过滤式防颗粒物呼吸器》中规定的级别之一；**N95** 由美国国家职业安全卫生研究所（NIOSH）认证，是美国标准 42CFR84 中规定的级别之一。这两个级别的技术要求、测试方法等基本一致，只是分属于不同国家的标准。KN95 和 N95 型口罩非油性颗粒过滤效率都大于 95%，医用防护口罩通常符合此标准。

所以，**为了防止飞沫传播的病毒感染，我们需要戴上过滤性更好的口罩。**

什么是智能口罩？

其实，除了一般的口罩，在疫情期间，科学家们还开发出了特殊的**智能口罩**。

以色列的科学家们开发出了一种智能口罩，这种口罩内置**碳纤维层**，然后通过电流加热进行自清洁。这种电流并不大，可以用普通的智能手机充电，也可以借助随处可见的充电宝进行充电消毒。这种新型的、可重复利用的口罩可以减少疫情期间因一次性口罩使用量急剧增加造成的环境污染。

在这之前，以色列科学家们还发布了另一款**原型口罩**，该口罩的正面可以开合，人们不必摘掉口罩就能在餐馆用餐。这款新型口罩的发明者之一阿萨夫·吉特利斯说，人们可以使用一个控制杆来打开口罩前部，从而吃东西或喝饮料。

普通口罩

原型口罩

智能口罩

古代的人们如何应对传染病？

由于受"天命论"的影响，古人认为瘟疫是上天对人类的惩戒。因此，在疫灾发生时，人们会祈求神的怜悯，辅以驱邪破邪之术，以期心诚而应天。

在秦朝时，秦律之中明确规定了**麻风病**等传染病人需要在**疠迁所**之中进行隔离，从而切断传染病的传播途径，达到控制、消灭疫灾的目的。

疠迁所　秦朝

葛洪　东晋

孙思邈　唐朝

随着人们对传染病认知的加深以及前朝经验的积累，东晋医学家葛洪对人们闻之色变的**天花**提出了治疗之法。而在唐朝时，医学家孙思邈便已经在前人的基础上记载了治疗天花的有效方法——**接种人痘**。

在两宋时，人们对传染病的发端有了更清晰的认识，在个人卫生、城市卫生方面都进行了卓有成效的改变：个人如厕要**"下必浣水"**，城市也有专人**统一回收处理粪便**。人们就是在这样的过程中，对传染病有越来越深刻的认识，逐步做出利于控制传染病的改变。

收粪人员　两宋

传染病如何影响了第一次世界大战？

我们知道，第一次世界大战是人类历史上首次战火波及全球的战争，卷入其中的人口多达数亿，阵地战、坦克以及新式战斗机夺走了无数人的生命。可少有人知道的是，提前终结第一次世界大战的竟是一场**流感**。

起因

1918 年，位于美国堪萨斯州的一个军营里，不少士兵开始出现感冒的常见症状，但并未引起美国军方的高度重视。大量美军抵达欧洲战场，导致这一疾病迅速在多个国家传播开来，不仅传到了欧洲，就连亚洲国家也未能幸免。

死亡人数

在这次流感中，美国死亡 **54.8 万人**，占当时全国人口的 0.5%。1918 年美国人口平均寿命下降 12 岁。美国不得不动用全部力量对抗流感，从全民动员支援战争，变成了全民动员对抗流感。

英国死亡 **21.5 万人**。仅 1918 年 4 月，英军就有 **3.1 万人**染病。到 5 月，英国皇家海军有 10% 的士兵感染了流感，整整 3 周时间无法作战。流感爆发期间，英格兰平均每周死亡人数达 4482 人，连国王乔治五世也被感染。

法国的死亡人数是 **16.6 万**人。在巴黎，平均每周有 1200 人丧生。6 月上旬，在德军发动猛攻的当口儿，近 2000 名法军因感染流感不得不撤出战场。

　　同盟国的情况同样很糟糕。

　　德国的死亡人数是 **22.5 万**人。为了赶在美军大部队到达前结束战争，德军 3 月起发动了一系列进攻。德军士兵冲进对方的战壕，也接收了对方留下的流感病毒。流感死亡率最高的是年轻人，而这些人正是战争的主力军。各国政府都急于摆脱战争，集中全国力量用于对抗这个更恐怖的敌人。

　　1918 年 11 月，德国基尔港水兵起义，此后起义遍及全国，德国的战争机器首先熄火了。德皇威廉二世外逃，德国政府向协约国求和，而协约国也已经没有力气再打下去了。1918 年 11 月 11 日，德国政府代表埃尔茨贝格尔同协约国联军总司令福煦在法国东北部贡比涅森林的雷东德车站签署停战协定。战胜国鸣放 101 响礼炮，宣布第一次世界大战结束。

最早关于瘟疫的记录是什么？

关于瘟疫最早且最详细的文字描述来自公元前 6 世纪文字版**《荷马史诗》**的第一部《伊利亚特》第一卷，其中有一段游吟诗人对瘟疫的描述："阿基琉斯与阿伽门农因争吵而结仇，高歌吧！女神！为了佩琉斯之子阿基琉斯的暴怒……是哪位天神挑起了两人的争执？是宙斯与勒托之子阿波罗。他对国王不满，在他的军中降下凶恶的瘟疫，吞噬了将士的生命。"

《荷马史诗》中诗人对瘟疫的描述让我们看到了远古时期人们对瘟疫的描述与抗争，书中所说的"阿波罗用瘟疫惩戒人间"是以神话**隐喻现实**，瘟疫爆发的时间已不可考。

过去的人们是如何看待传染病的？

因为过去人们对传染病知之甚少，面对病因不明且传染性强的疾病，厌恶和恐惧使人们赋予其宗教迷信和道德的意义。

古代将**鼠疫**当作上天给人类降罪的工具，《伊利亚特》中的阿波罗为惩罚阿伽门农诱拐克莱斯的女儿而让阿凯亚人染上鼠疫；《俄狄浦斯王》里因底比斯国王所犯的罪行，瘟疫席卷了底比斯王国；薄伽丘的《十日谈》中这样描述 1348 年大鼠疫的起因——佛罗伦萨的公民们行为太不检点。

麻风病在中世纪被认为是社会腐化和道德败坏的象征。法语中描述被侵蚀的石头表面的词"lé preuse"意为"像患麻风病似的"。瘟疫被看作对整个社会的审判。到 19 世纪后半叶，将灾难性流行病解释为道德松懈、政治衰败、帝国仇恨的做法都很普遍。

1832 年，英国曾将**霍乱**与酗酒联系起来，英国循道公会牧师声称："凡染霍乱者，皆酒徒是也。"健康成了德行的证明，正如疾病成了堕落的证据。

吸入灰尘后，我们会有怎样的变化？

　　要知道，我们每天呼吸的空气是多种气体的混合物。虽然我们的身体需要的是氧气，但我们也吸入空气中的其他成分。而城市化环境将许多非自然成分释放到空气中，**烟灰、烟雾、灰尘**等颗粒通过人类活动被释放到大气层中，比如，当汽车尾气、燃烧化石燃料和发电厂产生的有害副产品进入大气时，就会造成空气污染，但许多人类活动无法避免有害物质进入人类呼吸的空气中。

　　那么，我们的主要呼吸器官——肺，又如何应对大气中的**尘埃颗粒**或**有害物质**呢？

身体如何阻挡异物？

通常来说，我们的身体有许多种防御机制，包括黏液、纤毛和白细胞，这些都能够帮助我们的身体抵抗吸入的异物。

我们的**黏液和纤毛**能够帮助我们过滤粉尘颗粒。纤毛是细小的毛发结构，从上皮细胞延伸出来，与鼻腔黏膜排列在一起。当人体吸入有害气体时，粉尘颗粒和空气一起被吸入，然后再通过鼻腔排出体外。

在这个阶段中，最大的颗粒被**鼻毛和鼻涕**所捕获。更小的颗粒会进入咽部。咽部有一个保护性的**黏膜层**，黏液将小颗粒困在这里。这些颗粒最终以**痰液**的形式吐出来，或者吞掉，被胃液消化。

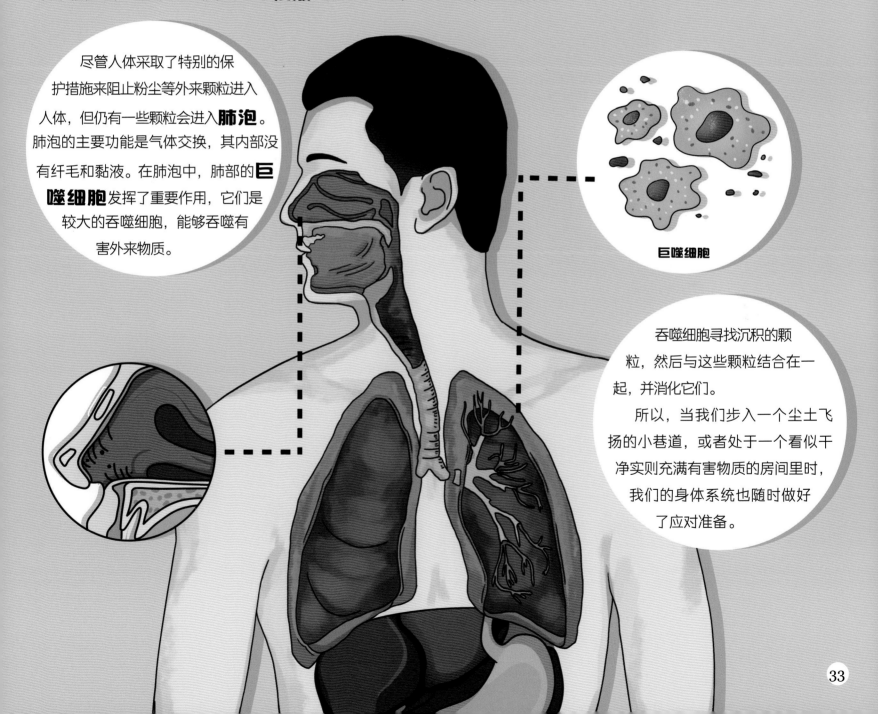

尽管人体采取了特别的保护措施来阻止粉尘等外来颗粒进入人体，但仍有一些颗粒会进入**肺泡**。肺泡的主要功能是气体交换，其内部没有纤毛和黏液。在肺泡中，肺部的**巨噬细胞**发挥了重要作用，它们是较大的吞噬细胞，能够吞噬有害外来物质。

巨噬细胞

吞噬细胞寻找沉积的颗粒，然后与这些颗粒结合在一起，并消化它们。

所以，当我们步入一个尘土飞扬的小巷道，或者处于一个看似干净实则充满有害物质的房间里时，我们的身体系统也随时做好了应对准备。

为什么免疫力很重要？

　　人人都想拥有健康的体魄，但是大部分人都不知道具体应该怎么做。其实，几乎所有的疾病都与人体的免疫功能有关。

　　很多人患病，与自身的免疫力较差有关。身体具有良好的免疫力，能够帮助我们抵御外界各种细菌、真菌、病毒的干扰，像我们的身体能够为我们阻拦空气中的灰尘或者有害物质一样。当身体免疫力低下时，外界的不良环境更容易使身体患病。

　　免疫力会对健康产生**重大影响**，所以，我们要提高身体免疫力，才能帮助我们更好地预防疾病，或者减轻疾病对身体的损伤，尽快恢复身体功能。

什么是群体免疫？

　　除了我们个人的免疫能力，还有一种免疫叫作**群体免疫**。群体免疫又叫作社区免疫，也就是当足够多的人对导致疾病的病原体产生免疫后，其他没有免疫力的个体因此受到保护而不易被传染。群体免疫理论告诉我们，当群体中有大量个体对某一传染病免疫，或易感个体很少时，在个体之间传播的传染病的感染链便会中断。

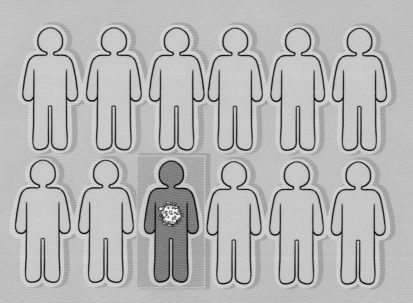

　　要产生群体免疫，人们必须在感染后产生免疫。许多**病原体**都是这样，被感染的人康复后就不会再感染这种疾病，因为他们的免疫系统产生了能战胜这种疾病的抗体。群体免疫力通常通过接种疫苗而获得，比如天花疫苗的广泛接种使人类全体免疫，最终消灭了这种传染病。

接种疫苗

获得抗体

免疫系统如何帮我们对抗病毒？

免疫系统是机体执行免疫应答及免疫功能的重要系统，由免疫器官、免疫细胞和免疫分子组成。免疫系统具有识别和排除抗原性异物，与机体其他系统相互协调，共同维持机体内环境稳定和生理平衡的功能。

分类

免疫系统有固有免疫（非特异性免疫）和适应性免疫（特异性免疫）两大类能力。**固有免疫**是人体抵御病原体入侵的第一道防线，是在长期进化中逐渐形成的，在早期清除侵入的病原体；**适应性免疫**则是指免疫系统经过一次病原体刺激后，记住了病原体的特点，可以产生针对性的特异性抗体（体液免疫）和记忆 T 细胞（细胞免疫），前者能直接攻击病原体，后者针对被病毒感染的细胞。

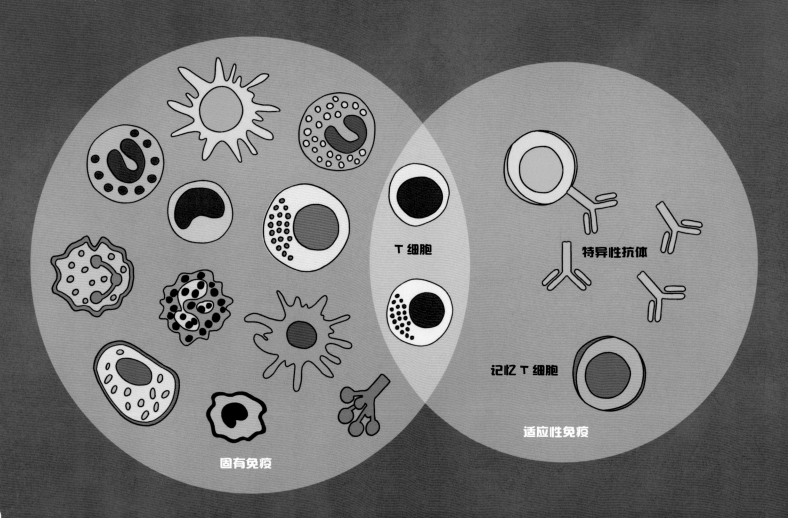

T 细胞

特异性抗体

记忆 T 细胞

固有免疫

适应性免疫

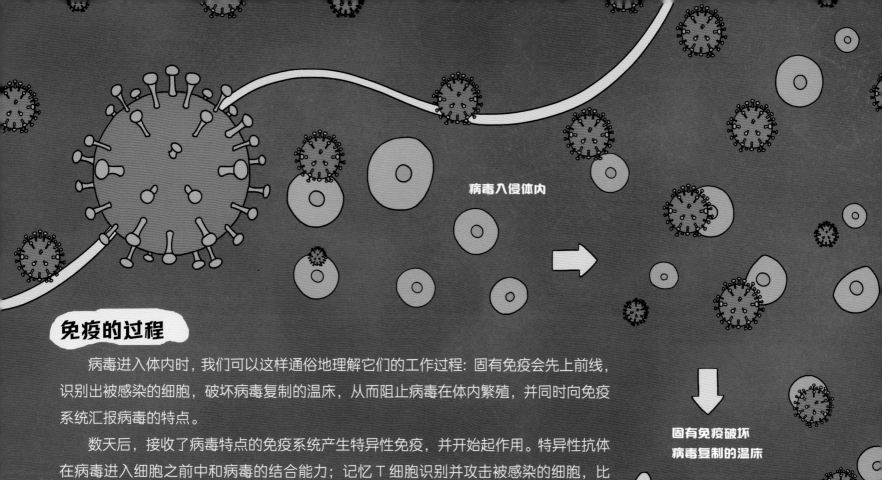

病毒入侵体内

固有免疫破坏
病毒复制的温床

免疫的过程

病毒进入体内时，我们可以这样通俗地理解它们的工作过程：固有免疫会先上前线，识别出被感染的细胞，破坏病毒复制的温床，从而阻止病毒在体内繁殖，并同时向免疫系统汇报病毒的特点。

数天后，接收了病毒特点的免疫系统产生特异性免疫，并开始起作用。特异性抗体在病毒进入细胞之前中和病毒的结合能力；记忆 T 细胞识别并攻击被感染的细胞，比固有免疫更加高效和精准。

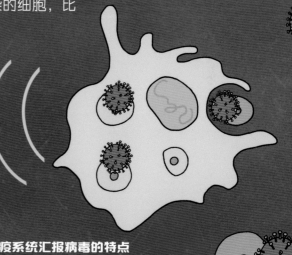

记忆 T 细胞
进行精准攻击

向免疫系统汇报病毒的特点

特异性抗体中和病毒的结合能力

特异性免疫能否快速清除病毒取决于产生的抗体滴度、激活的 T 细胞数量及它们的特异性。通俗来说，就是抗体产生得多不多，T 细胞能不能非常精准地识别并攻击病毒或被病毒感染的细胞。

身体发炎是好还是坏？

发炎，是体内释放出的化学物质使身体产生**肿胀**等反应。正常来说这是一个有益的过程，有助于身体对外来的微生物或伤害产生反应。但如果在这个过程中发炎物质浓度过高、持续时间过长或失去控制，将会干扰细胞的正常功能，造成身体组织受损。

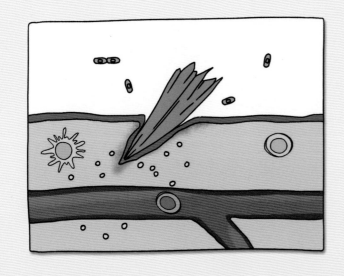 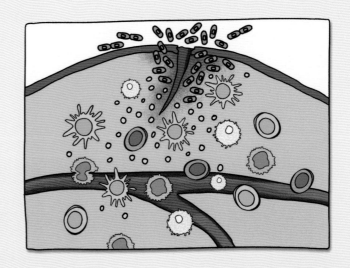

例如，"发炎信使"可能会告诉你的脂肪细胞"抓住"脂肪，不要让它消失。这显然不太好，因为你将无法减轻体重或保持减重成果。"发炎信使"也可能**损伤血管壁**，增加形成斑块、**动脉粥状硬化**、**心脏病**和**高血压**的风险。它们也可能刺激免疫系统，使免疫细胞不断释放更多化学物质。

发炎物质浓度过高

失去控制

可能造成损伤

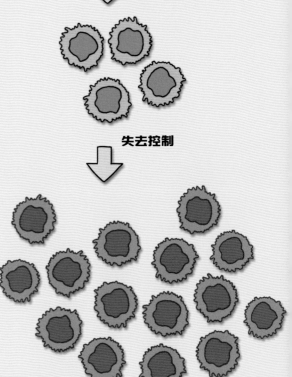

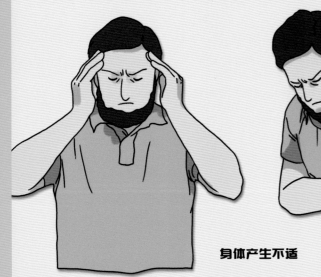 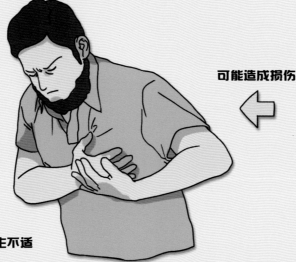

身体产生不适

什么是细胞因子风暴？

要知道为什么会形成细胞因子风暴，首先要了解什么是细胞因子。

细胞因子主要包括干扰素、白细胞介素、趋化因子和肿瘤坏死因子等。这些细胞因子由某些免疫细胞分泌，它们有些是**促进炎症**的，有些是**抑制炎症**的。一般情况下，我们的细胞因子维持在一种平衡状态。

当免疫系统因感染、药物、自身免疫性疾病等因素被**过度激活**时，可能会分泌大量促炎因子，导致免疫系统失控，最终形成细胞因子风暴。于是，免疫细胞突破染病的身体部分，开始猛烈攻击健康的组织，吞噬红、白细胞，破坏内脏器官。

男生为什么比女生高？

男性和女性之间最明显的生理差异之一就是**平均身高**。总体上来说，男性更高一些。为什么会这样？教科书更倾向于用达尔文理论来解释，也就是我们熟悉的性选择和雄性竞争。

达尔文在《**人类的由来**》中写道："毫无疑问，男性的体型和力量都优于女性。他们有宽厚的肩膀、发达的肌肉、粗犷的身体轮廓，还有更多的勇气和斗志，这些特征是在生存斗争和配偶争夺中产生并强化的。"

按照这个理论，如果男性不需要依靠力量去获得配偶，那男性和女性的体型就应该差不多。**演化心理学**进一步指出，性别差异主导了我们的行为，男性更具攻击性和竞争性。

在《**演化人类学**》的一项研究中，科学家们提出了另一种观点。科学家们认为性选择导致人类身高差异过于巧合，应该存在一个更加合理的解释，这个解释其实隐藏在已有的医学和人类学理论中。这个解释无关竞争，而是卵巢和睾丸分泌的激素对骨骼发育造成了不同影响。

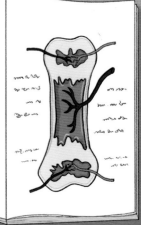

演化人类学

真正的原因

当科学家们对骨骼生物学和骨骼发育的文献展开进一步研究时，发现了一个更直接的解释，即女性普遍比男性矮，是因为她们有卵巢。

卵巢之所以是关键因素，是因为它能够产生远多于睾丸产生的雌激素，而雌激素能够**帮助骨骼发育**。科学家们认为，大量的雌激素能够刺激长骨发育。在青春期之前，男性和女性的生长速度基本相同。而当青春期开始后，女性的卵巢开始大量产生雌激素，雌激素会刺激她们骨骼中的生长板，促进以长骨为主的骨骼生长发育。这就是在青春期早期，女生往往会比男生高一些的原因。

然而生长的高峰期并不会一直存在，因为高水平的激素会**促进生长板闭合**。女性会在青春期后经历一次雌激素分泌高峰期，这既使得骨骼能在短时间快速生长，却又让骨骼很快停止了生长。而男性因为雌激素分泌缓慢，所以他们长得更高。这就是最终男性和女性具有身高差异的原因。

什么是"寒武纪生命大爆发"？

大约 5.4 亿年前，大气中的氧含量飙升至 21% 左右，臭氧层覆盖地球外围，阻挡了大量**太空辐射**。这时候的大陆地形平坦，浅海滋润着地表，使陆地上形成了旱地和湿地的地理间隔，而海水的温度相对温暖。

在 2000 多万年"短暂"的地质时代中，大量**前所未有的生物**突然诞生在这颗星球上，腕足动物、脊索动物、节肢动物、海绵动物等，很多与现代动物形态基本相同的动物都出现在这个时期，地球生命正式进入"井喷"时代。

"寒武纪生命大爆发"是进化史上的一个"悬案"，科学家至今无法解释为何在不足一个世代的时期内会突然演化出种类如此多样且差异巨大的新物种。

人类如何学会使用工具？

人类使用工具的历史从低级而单一的物质的几何形状的转化开始。**旧石器时代**，人类把石块打磨成尖锐或者厚钝的石制手斧，用它袭击野兽、削尖木棒，或挖掘植物块根，把它当成一种"万能"的工具使用。到了**中石器时代**，石器发展成了镶嵌工具，即在石斧上装上木制或骨制把柄，从单一的物质形态发展到两种不同性质的复合形态。在此基础上又发展出石刀、石矛、石链等复合型工具，直到发明了弓箭。**新石器时代**，人类学会了在石器上凿孔，发明了石镰、石铲、石锄，以及加工粮食的石臼、石杵等。

基因可以编辑吗？

生物的性状（形态特征和生理生化特性）由基因决定，基因是染色体上具有遗传效应的 DNA 片段。

DNA 片段中的遗传信息蕴含在 DNA 链上 A、T、C、G 四种碱基对的排列顺序中。 基因的表达遵从中心法则，从 DNA 转录得到 mRNA，mRNA 翻译得到蛋白质，蛋白质直接体现性状。转录遵循碱基互补配对原则，翻译时三个碱基对是一个密码，决定一个氨基酸。

DNA 引发的疾病

生物表现出的种种性状，最终还是由染色体上的 DNA 序列决定的。因此，DNA 序列中的一些变化（插入、缺失、替换等）就可能造成表型的变化，引发代谢障碍，甚至引发疾病。例如，镰状细胞贫血症，就是 A 到 T 的点发生突变；囊性纤维化最常见的病因是 3 个碱基的缺失。

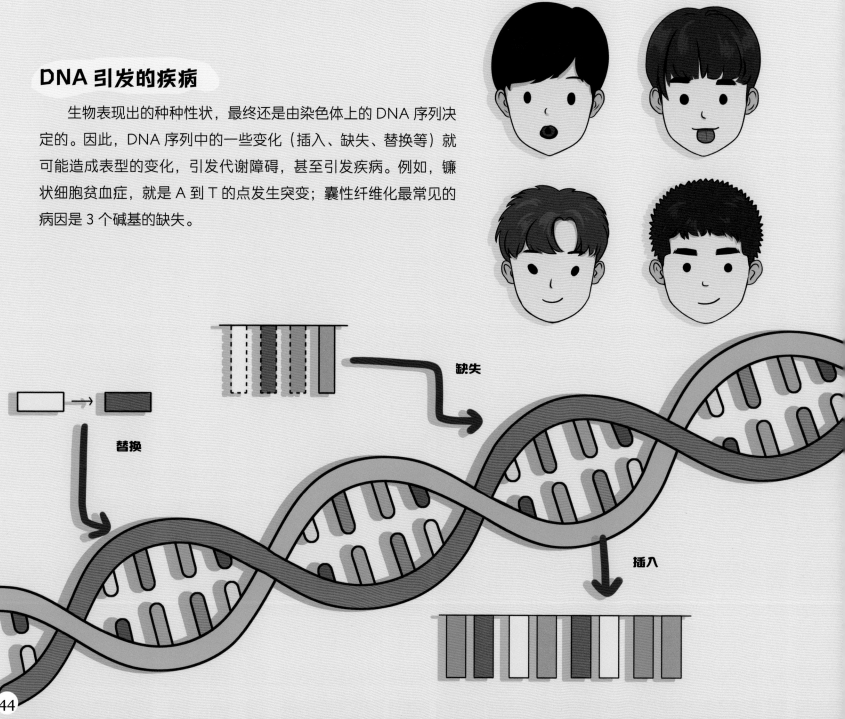

替换

缺失

插入

基因治疗

　　这些因为 DNA 改变所引发的疾病困扰着人类。于是，技术的进步带来了基因治疗的出场。基因治疗就是将**功能基因**递送到需要治疗的患者体内，进行矫正或置换致病基因的一种治疗方法。在这种治疗方法中，**目的基因**被导入靶细胞内，这些目的基因或与宿主细胞染色体整合成为宿主遗传物质的一部分，或不与染色体整合而位于染色体外，但都能在细胞中得到表达，起到治疗疾病的作用。

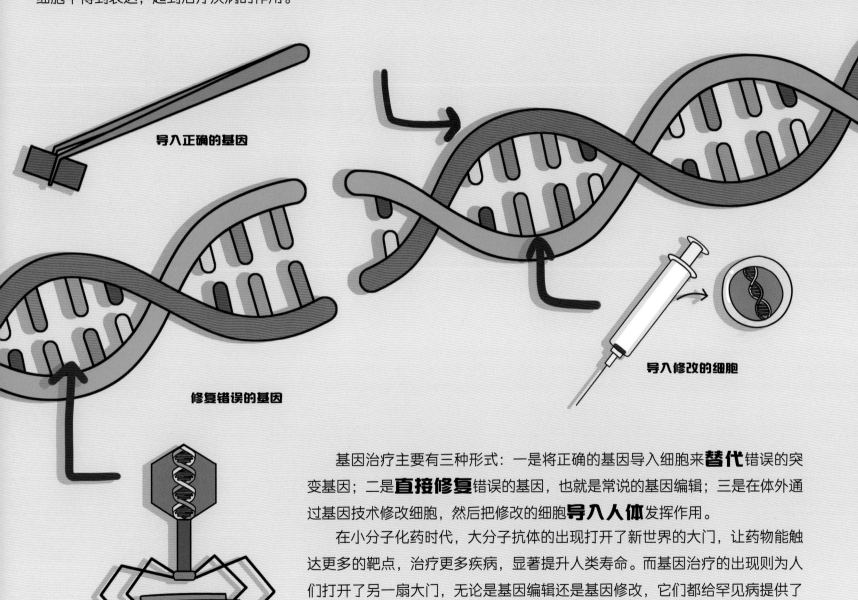

导入正确的基因

修复错误的基因

导入修改的细胞

　　基因治疗主要有三种形式：一是将正确的基因导入细胞来**替代**错误的突变基因；二是**直接修复**错误的基因，也就是常说的基因编辑；三是在体外通过基因技术修改细胞，然后把修改的细胞**导入人体**发挥作用。

　　在小分子化药时代，大分子抗体的出现打开了新世界的大门，让药物能触达更多的靶点，治疗更多疾病，显著提升人类寿命。而基因治疗的出现则为人们打开了另一扇大门，无论是基因编辑还是基因修改，它们都给罕见病提供了新的治疗方案，为人类寿命的延长和生存率的提高提供了更多可能性。

世界上第一例基因治疗

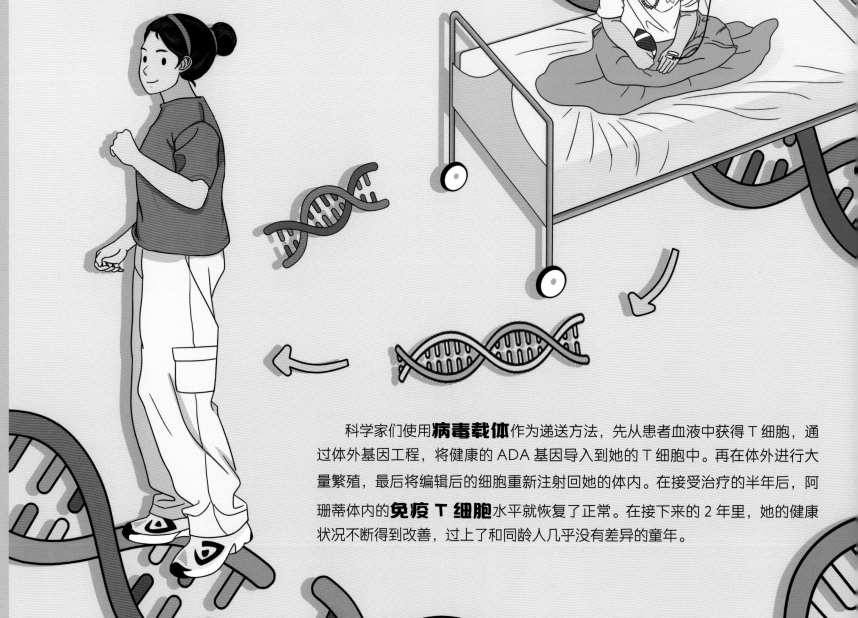

1990 年，4 岁小女孩阿珊蒂接受了**基因替代疗法**的治疗，这也是世界上第一例基因治疗的临床病例。这是一种由于腺苷脱氨酶（ADA）缺陷所导致的严重综合性免疫缺陷疾病。对阿珊蒂来说，周围的世界无处不存在着危险。哪怕和普通人共饮一杯水，甚至是在同一间房间里同时呼吸，都可能给她带来致命的后果。

科学家们使用**病毒载体**作为递送方法，先从患者血液中获得 T 细胞，通过体外基因工程，将健康的 ADA 基因导入到她的 T 细胞中。再在体外进行大量繁殖，最后将编辑后的细胞重新注射回她的体内。在接受治疗的半年后，阿珊蒂体内的**免疫 T 细胞**水平就恢复了正常。在接下来的 2 年里，她的健康状况不断得到改善，过上了和同龄人几乎没有差异的童年。

基因编辑需要什么工具？

基因编辑的一个重要工具就是可以编辑、剪切基因的"剪刀"，而 **CRISPR 技术**就是基因编辑的"剪刀"之一。CRISPR 这把基因编辑剪刀可接收人类编程指令，搜索、绑定和剪切特定的 DNA 序列。因为高效、便捷，适用范围广，CRISPR 技术的突破让基因编辑在近几年得以快速发展。

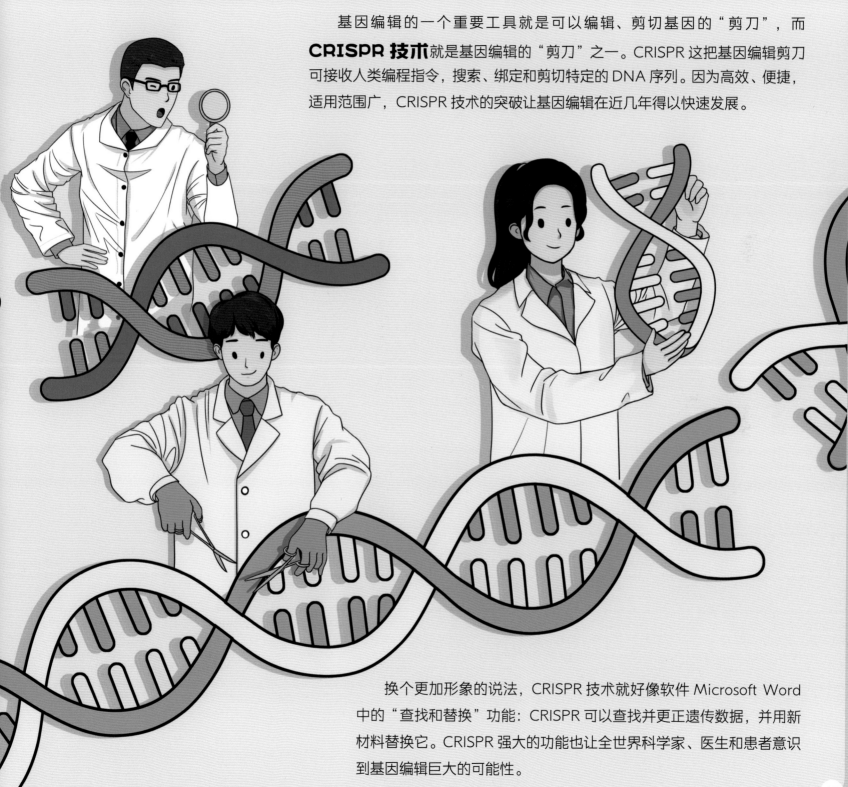

换个更加形象的说法，CRISPR 技术就好像软件 Microsoft Word 中的"查找和替换"功能：CRISPR 可以查找并更正遗传数据，并用新材料替换它。CRISPR 强大的功能也让全世界科学家、医生和患者意识到基因编辑巨大的可能性。

多睡一个小时真的很重要吗？

　　睡眠不足已经是很多人都存在并且习以为常的现象。根据美国睡眠基金会提出的建议，成年人每天应保持 7~9 小时的睡眠，青少年每天则需要 8~10 小时。但科学家们开展的调查数据显示，美国大约有 35% 的成年人每天的睡眠时间少于 7 小时，而 73% 的高中生实际睡眠时间都低于推荐的 8 小时。

睡眠不足的原因

　　导致睡眠不足的因素非常多，有一些可能是生理上的原因，比如思虑过多、睡前过于兴奋，让人辗转反侧，难以入眠。而因为玩游戏或者工作导致睡眠不足的情况现在愈发普遍。睡眠不足，大脑在第二天必然会昏昏沉沉，让你做任何事情都没有精神。

　　也许一次失眠不会对身体造成太大损伤，可能仅仅只是身体感到疲倦。而由于主观或者病理导致的长期睡眠缺乏则可能导致患**心血管疾病**的风险显著上升。此外，长期睡眠不足的人群**平均寿命较短**，也会增加过早死亡的概率。

睡眠中的大脑

科学家认为睡眠不足的人早死率更高，因为睡眠过程中会进行很多生理调节和神经恢复，而**大脑被视为最需要睡眠的关键器官**。睡眠时神经细胞能进行修复，神经通路保持静息，避免持久兴奋，并且脑脊液可以带走大脑中的"垃圾"。

事实也证明，充足的睡眠带来的好处实在太多了。美国科学家表示，如果睡眠充足，人们就会感觉良好，精力充沛，有更多的灵感，而且能更出色地完成任务。

专家提示，睡眠真正的益处在于形成一个个人最佳的睡眠时间表，而且坚持下来。事实上，大多数理性的人都知道充足的睡眠对自己有好处，但生活、工作中的琐事经常会影响睡眠。而且这些事情每天都在发生，使人们低估了其对睡眠的影响力。

为什么睡前不要玩手机？

光照影响着哺乳动物的各种生理功能,包括情绪。不少研究显示,白天适量晒太阳能令人愉悦,采用"光疗"补充光照,可以缓解抑郁症患者的症状。但科学家们认为,当我们习惯性地在睡前玩手机时,手机发出的蓝光在夜晚会影响我们大脑特定的神经环路,从而出现抑郁症的相关症状。

事实上,晚上睡前玩手机、iPad,屏幕发出的蓝光能够抑制**褪黑素**的分泌。而褪黑素是人体内产生的一种激素,有促进睡眠、调节时差等功能,是人体的生物钟。光线会抑制褪黑素的产生,而蓝光的抑制能力是其他光的两倍以上,从而更严重地影响**昼夜节律**。蓝光抑制了褪黑素的分泌,会导致失眠,增加患抑郁症和发生其他重大疾病的概率。

ZZZZ

睡觉的时候也能学习？

我们的睡眠大概以 90~100 分钟为一个阶段，期间会经历一个由浅入深的非快速眼动期和一个**快速眼动期**。其中，快速眼动期被认为是人们做梦的主要时间段，同时也被认为是大脑进行记忆整合的关键阶段。

科学家发现，在睡眠状态下，记忆的图景会被拓宽。而且有证据显示，这个记忆被拓宽的时间，就发生在快速眼动期。大脑在这一时期进行**记忆信息的整理**工作，从而强化和巩固我们在醒着的时候学到的东西。

另外，研究人员发现，白天短暂的睡眠（6 分钟到 1 小时）也能带来记忆力的极大提升。同时，小睡片刻还能降低心脑血管疾病发生的风险。所以，善于睡觉的人，也能在睡觉的过程中学习。

人们什么时候有了时间意识？

"在天成象，在地成形"，天空中的日月星辰统称为"天象"。古人在对天象的长期观察中体悟到了时间。从这个角度讲，人类观察天象的意识便是产生时间意识的始源。

古人的时间意识

1987 年，人们在河南濮阳西水坡发现了一个墓葬，经碳 14 测定它的年代为公元前 4500 年。考古学家在那里发现了一个由蚌壳和人的胫骨组成的**北斗图**。这是我们发现的最古老的星图，这也意味着，距今 6500 年前，我们的祖先就已经夜观天象了。除了时间意识的始源，"时"字的出现标志着时间概念的真实形成，而时间概念的形成又意味着古人已经开始思考时间的本质。在中国，"时"字最早出现于**甲骨文**之中。

春

夏

冬

秋

时间的计量

时间尺度的出现把人们的时间意识推向了高峰。地球围绕太阳公转，带来**四季交替**，循环不已，人们于是把一个四季的延续过程规定为"年"，并以年为尺度测量和计算时间。

月亮有规律地匀速围绕地球旋转，时圆时缺，周而复始，于是人们把一次从盈到亏的过程规定为"月"，并以月为尺度测量和计算时间。

年、月、日是天然的**时间尺度**，比较粗疏，一旦需要更为精确的计时系统，就必须借助人为规定的尺度，于是便有了"立表测影"：**日光照物而生影，影随太阳的移动而改变方向和长度。这就是人们早期的时间计量。**

蛾眉月

新月

上弦月

残月

**北半球
月相变化**

盈凸月

下弦月

满月

亏凸月

为什么等待下课的时间比下课玩耍的时间过得慢？

我们是不是经常有这样的感觉，**等待下课的时间十分漫长，好不容易下课了，才玩了没多久，又上课了。**

这是因为，在不同情况下，我们对时间快慢的感受**不尽相同**。当课堂遇到一些难以理解的深奥问题时，思想就容易走神；当课间休息时，沉迷玩游戏的我们格外投入，时间也就在不知不觉中飞逝而过了。

一些科学家认为，这种时间的错觉与大脑中的**多巴胺**有关，神经元信号和脑电波的传送速度，让我们对外界时间的感知产生了偏差。

什么是生物钟？

生物钟又称**生理钟**。它是生物体内的一个无形的时钟，是生物体生命活动的**内在节律**，是由生物体内的时间结构序决定的。

科学家发现，人体拥有自己的生理时钟。晚上 11 点至凌晨 5 点，细胞分裂的速度要比平时快 **8 倍**左右，促进皮肤细胞修复，使皮肤达到最佳状态。早晨 6 点至 7 点，肾上腺皮质激素的分泌达到高峰期，它会抑制蛋白质合成，而且再生作用减慢，让细胞的再生活动降到最低点。水分聚集于细胞内，淋巴循环缓慢，所以一些人会眼皮肿胀。

也正是因为生物钟，我们才要**早睡早起**，**规律生活**，这对我们的身体和成长都非常重要。

我们为什么会变老？

　　衰老是人类无法回避的永恒话题。从古至今，人们一直在试图延缓衰老。前有秦始皇迷信长生不老之术，耗费千金派遣徐福带五百对童男童女出海寻求不老仙药，后有汉武帝派人求仙问药，修建高台，承接"仙露"。

　　如今，随着医学的发展，人类的平均寿命在过去几个世纪得到了**显著延长**。1900 年，全球平均预期寿命仅为 31 岁，甚至在最富裕的国家也不到 50 岁。而到了 2015 年，人类平均预期寿命为 72 岁，日本甚至高达 84 岁。这无疑让人类对青春、健康与长寿的渴望更为强烈。

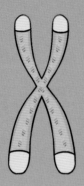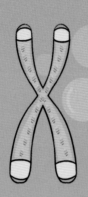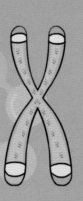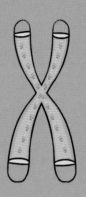

那么，我们为什么会变老呢？

　　衰老的发生一般是从微小的基因开始的。 这与染色体和染色体端粒密切相关。一般来说，每一次**细胞分裂**都会造成端粒缩短，而端粒缩短，会导致染色体不断地缩短，基因不断丢失。这个过程，就是人类衰老的过程。

基因的衰老

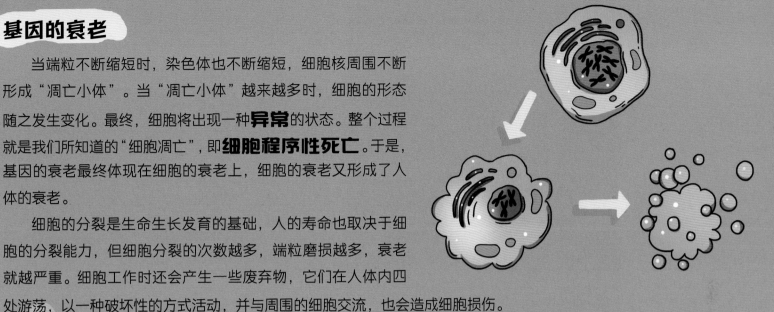

当端粒不断缩短时，染色体也不断缩短，细胞核周围不断形成"凋亡小体"。当"凋亡小体"越来越多时，细胞的形态随之发生变化。最终，细胞将出现一种**异常**的状态。整个过程就是我们所知道的"细胞凋亡"，即**细胞程序性死亡**。于是，基因的衰老最终体现在细胞的衰老上，细胞的衰老又形成了人体的衰老。

细胞的分裂是生命生长发育的基础，人的寿命也取决于细胞的分裂能力，但细胞分裂的次数越多，端粒磨损越多，衰老就越严重。细胞工作时还会产生一些废弃物，它们在人体内四处游荡，以一种破坏性的方式活动，并与周围的细胞交流，也会造成细胞损伤。

而广义地讲，衰老是细胞生物学过程的逐渐**恶化**和组织**损伤**的累积，会导致器官健康水平和功能下降。这就增加了机体对与年龄相关疾病的敏感性，使得生物体对损伤的反应减弱，且死亡可能性更高。

干细胞有什么特殊的作用？

干细胞是一类具有增殖和分化能力的细胞。在一定条件下，该类细胞可以从单一细胞分化为多种不同的功能细胞，就像树干上可以生出树枝、叶子、花朵一样。

根据分化能力的不同，干细胞可以分为全能干细胞、多能干细胞和单能干细胞。**全能干细胞**一般指能够分化发育成各种组织器官的细胞。而随着人体的发育成熟，体内的细胞渐渐失去分化的能力，只有骨髓、脂肪等仍保留着少量具有分化能力的细胞。

冻存的干细胞具有广泛的**医疗用途**，最具有应用前景的是利用干细胞培养器官，以**替换**衰老病变的人体器官。

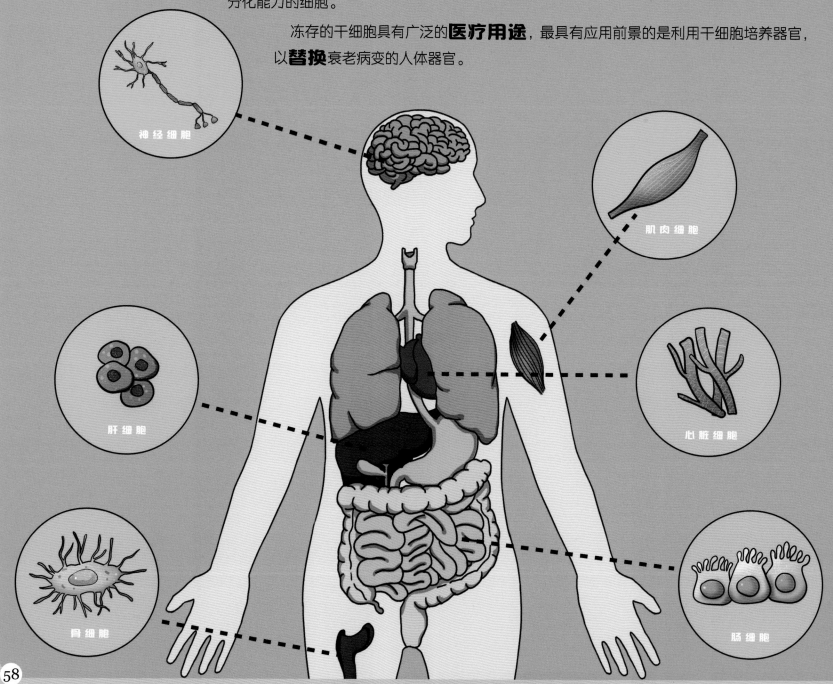

神经细胞

肌肉细胞

肝细胞

心脏细胞

骨细胞

肠细胞

器官打印可以帮助我们对抗衰老吗？

衰老导致的死亡通常与重要器官的机能衰竭有关，比如心脏、肺和肝脏。如果病人能够从捐献者那里得到一个机能正常的器官，或许就能重获新生。器官打印的出现，让科学家们看到了新的可能。

事实上，早在 1987 年，"**再生医学**"的概念就被提出，且受到全球重视。截至 2019 年上半年，全球注册再生医学的公司达 933 家。再生医学技术与相关行业的蓬勃发展源于背后庞大的需求。

其中，3D 打印技术就为制造包含多种细胞、生长因子和生物材料的复杂结构组织和器官提供了可能，能够解决传统制造技术的弊端。同时，3D 打印技术具备**可重复**、**效率高**、**潜力强**等优势。未来，3D 打印有可能从根本上解决再生医学的难题。

以 3D 打印耳朵为例，医生从患者肋骨中取出 3 根软骨，利用内窥镜技术、3D 重建、3D 打印，就可精雕细琢出一只全新的耳朵。

为什么吃糖会让我们快乐？

我们或许都有这样的经历，在碰到不愉快的事情时想吃甜食。神奇的是，这真的会让我们的心情慢慢地变好。糖，为什么能让我们快乐？

事实上，**吃甜食后心情变好与心理因素、生理因素都有关系。**

原因

首先，当我们心情不好时，身体容易缺乏营养物质。因为心情与大脑活力有较大的关系，越是心烦意乱，大脑越需要糖分。科学家研究发现，甜食可以刺激大脑释放**脑内啡肽**，而脑内啡肽可调节情绪，令人兴奋。所谓"糖上瘾"也是这个道理。而别的食物，如脂肪、蛋白质、膳食纤维等并不能马上转化为大脑所需的糖分，而蛋糕、冰淇淋、巧克力等高糖分食物会快速进入血液，满足大脑对能量的需求，消除大脑疲劳和不适。

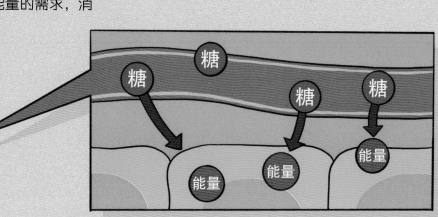

此外，当人体血液中糖分降低时，人处于低血糖或饥饿状态更容易生气、发脾气等。其次，吃甜食会带来**满足感**，满足人体的味觉需求，从而可以缓解焦虑的心情。

当然，咀嚼食物本身也属于一项释放不良情绪的运动。人在情绪低落时需要**维生素 B 族**来帮忙，所以当你饥饿时，身体更渴望碳水化合物，如馒头、包子等，其中包含丰富的维生素 B 族。

弊端

尽管糖可以使我们的心情变得愉快，但这也不代表我们就可以无节制地吃糖。过多的糖会给我们的身体带来**压力和损伤**。

科学家们发现，过多的糖除了会引发冠心病，还与肥胖、糖尿病、高血压、痛风等疾病密切相关。临床研究发现，如果把饮食中的**饱和脂肪酸**用相同能量的糖（含糖饮料常用添加物，如蔗糖或果葡糖浆）代替，会出现低密度脂蛋白、甘油三脂升高，而高密度脂蛋白降低，这些变化都会增加患冠心病的风险。

无糖饮料为什么是甜的？

为了改善零食和饮料的口感，人们通常会在其中加入不同的**食品添加剂**，比较常见的甜味剂有甜蜜素、阿斯巴甜、蔗糖素、安赛蜜和糖精钠等。甜味剂本身并不是糖，但可以**代替**糖产生甜味。最常见的阿斯巴甜、木糖醇等，在一定范围内使用是安全的，但它们对人体都是无益的。

按国际惯例，**无糖食品**不含单糖（葡萄糖、果糖等）和双糖（蔗糖、麦芽糖等），但是应含有替代品，如糖醇（包括木糖醇、山梨醇、麦芽糖醇等），且不能用糖精等高倍甜味剂生产。食品安全国家标准《预包装食品营养标签通则》规定，"无糖"是指固体或液体食品中每100克或100毫升的含糖量**不高于0.5克**。

这里所说的糖，不单指蔗糖，还包括葡萄糖、麦芽糖等其他单糖和双糖类（不包含像淀粉这样大分子的多糖类）。

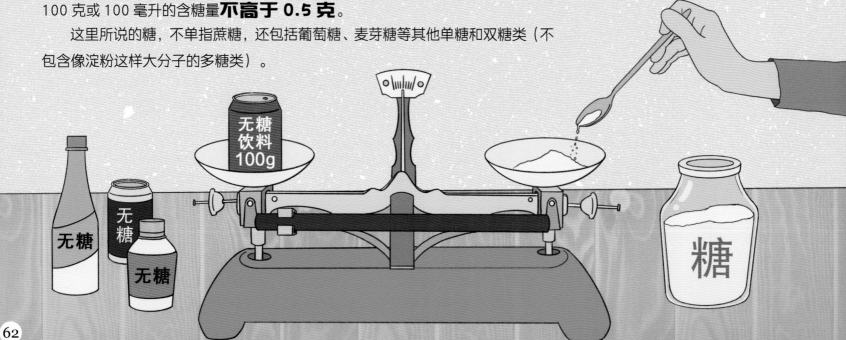

"无糖食品"真的"无糖"吗？

关于这个问题，美国哈佛大学癌症研究中心的医学博士大西睦子在《无糖更致命》这本书中给出了答案："过去普遍认为人工甜味剂不会被机体利用产生能量，目前有研究显示，人工甜味剂虽不同于葡萄糖等直接代谢升高血糖，但可能通过多种途径**影响机体能量摄入与代谢**，与肥胖、2 型糖尿病和代谢综合征等有一定关系。"

无糖更致命

糖

　　三氯蔗糖是一种常见的甜味剂，但科学家发现，三氯蔗糖与碳水化合物一同下肚，会降低人体对甜味的敏感度，而这可能会损害**胰岛素**的敏感性。且三氯蔗糖几乎不会被人体吸收、代谢，它会随着人类的生产、生活，排放至环境中，其危害已经引起世界各国的毒理学、环境科学学者的关注。"无糖食品"可能真的"无糖"，但"无糖"却不代表绝对健康。摄糖无可厚非，同时也需要节制。

人造肉是真肉吗？

人造肉看起来像一块肉，嚼起来也像一块肉，但它并不是传统意义上的真肉，而是人们通过一系列方法加工而成的仿真肉。

有趣的是，**人造肉也分人造真肉和人造假肉**。人造真肉技术是一种使用干细胞体外培养等**生物工程技术**代替传统畜牧业来获取肉类资源的生产技术手段。

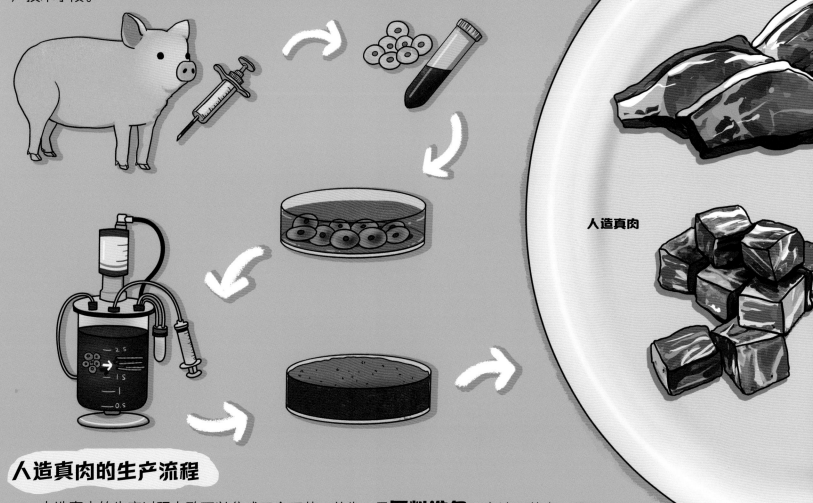

人造真肉

人造真肉的生产流程

人造真肉的生产过程大致可以分成三个环节。首先，是**原料准备**。在该环节中，需要准备为细胞增殖供给能量的营养液、促进细胞增殖的某些生长因子以及从动物组织中分离出的干细胞。其次，是**组织培养**，主要利用体外细胞培养技术和组织工程技术，在生物反应器中完成干细胞的分裂与分化。当细胞在生物反应器内的培养基中增殖至足够数量时，就能够使用添加剂使细胞沉降并将沉降物压制成型。最后一步，就是**加工成品**，将获得的肌肉组织或肌肉细胞加工成需要的肉类产品。

生活中的人造假肉

　　相比于还处于研发阶段的人造真肉，人造假肉已经在市场上销售了很久。人造假肉，其实就是使用非动物蛋白合成的假肉，又称为**蛋白素肉**，是将从各类植物中提取的营养物质，如蛋白质和油脂，加热、挤压和冷却后再加入其他配料及添加剂制成的食品，兼具肉的质感和风味。国内素食餐馆的一些**仿荤菜**，以及国外一些用细菌蛋白制成的"肉"，都属于人造假肉，但是它们很容易被认出。

人造假肉

　　但技术上的突破让人造假肉也不断被人们接受。一些公司生产的人造假肉，不仅在外观上能够"以假乱真"，做熟以后，无论是色、香、味，都能与真肉媲美。他们将植物蛋白、营养剂与各种风味物质混合，再加入红色的甜菜汁提取物模拟血色。为了让人造假肉嚼起来更加紧实，一些公司还采用加热和机械挤压的方法，将素肉塑造成与肉类蛋白相似的复杂**三维结构**，解决了口感的问题。

我们为什么要吃肉？

首先，当然是因为肉很好吃，通过不同的烹饪方法，可以做成美味的菜肴。而且，肉除了良好的口感，还具有很高的营养价值。

肉类含有丰富的**蛋白质**，一般在 10%~20% 之间，瘦肉比肥肉所含的蛋白质更多。肉类中的蛋白质是优质蛋白质，不仅含有全面的人体必需的氨基酸，而且比例恰当，接近人体的蛋白质，容易消化吸收。肉类还含有较多的维生素 B1、维生素 B2、尼克酸等，如每 100 克猪肉含约 0.53 毫克维生素 B1、约 0.12 毫克维生素 B2、4.2 毫克尼克酸。

肉类中**脂肪**含量在 10%~30% 左右，主要是各种脂肪酸和甘油三脂。肉类中还有少量卵磷脂、胆固醇、游离脂肪酸及脂溶性色素。肉类脂肪可提供较多的**热量**，如 100 克肥猪肉可提供 830 千卡热量。肉类中含糖量较低，平均只有 1%~5%。按照中医的理论，猪肉性微寒，有解热功能，补肾气虚弱；牛肉性温，可滋养脾胃、强健筋骨；羊肉性热，适于体虚胃寒的人食用。

吃肉是不是越多越好呢？

尽管肉类具有很高的营养价值，但肉不是吃得越多越有益。

缺钙

吃肉太多可能会导致缺钙，主要是过多的蛋白**质会增加尿液中钙的排出**。有科学家研究发现，膳食中适量的蛋白质有助于钙的吸收，但当膳食中蛋白质过多时，钙的吸收率反而降低，从而引起钙的缺乏。

消化

平时吃肉过多，也可能会加重肠道的**消化负担**，增加患上消化道疾病的概率。肉里面含有的胆固醇含量很高，吃肉过多会使得患动脉粥样硬化的概率增加，同时会对人体的血管造成很不好的影响，容易引起**心脑血管疾病**的发生。

肥胖

肉类里面含有的脂肪较多，吃肉过多会摄入大量的脂肪，导致**脂肪堆积**，所以我们还是需要健康饮食，平衡饮食。

为什么需要垃圾分类？

虽然我们的生活质量随着现代工业水平的发展日益提升，但世界范围内的环境污染却不断加剧。人们对环境保护的日益重视令政府出台了越来越多的环保举措，垃圾分类就是其中之一。

垃圾分类，就是将垃圾按照其材料、用途、来源进行分门别类，并通过清运和回收使之重新变为资源。垃圾的分类标准在不同国家有所不同，一般分为四种：可回收垃圾、厨余垃圾（湿垃圾）、其他垃圾（干垃圾）以及有害垃圾。

分类

可回收垃圾，主要包括塑料制品、玻璃制品、纸张、金属及布料。这类垃圾可以统一回收，处理后再次利用；厨余垃圾（湿垃圾），包括剩饭、剩菜、果皮等食品类残渣或废物，回收后可通过生物技术处理，作为肥料使用；其他垃圾（干垃圾），包括砖、瓦、陶瓷等难以自行降解的垃圾，一般采用填埋的方式处理；有害垃圾，指含有对人体健康有害的重金属、有毒的物质或者对环境造成现实危害或者潜在危害的废弃物，包括电池、荧光灯管、灯泡、水银温度计、油漆桶、部分家电、过期药品及其容器、过期化妆品等，这类垃圾一般采取填埋的方式处理。

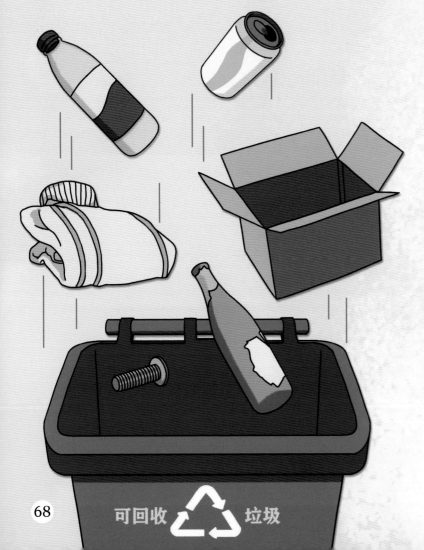

垃圾分类的意义

垃圾是我们生活中不可忽视的一部分，垃圾分类的意义十分重大。垃圾分类可以减少环境污染，减少疾病的产生。其实很多垃圾中都含有有害物质，即使对它们进行填埋处理，也难以阻止有害物质渗入土壤和水中，这不仅污染环境，而且会对人们的身体健康产生不利影响。

垃圾分类还可以节约土地资源。单纯的垃圾填埋和堆放的处理方式会占用很多土地，如果将不同的垃圾分类处理，就可以减少土地资源的消耗。垃圾其实也是一种资源，有些垃圾通过生物技术处理可以"变废为宝"，再度利用，比如可回收垃圾，这样也可以保护和节约资源。

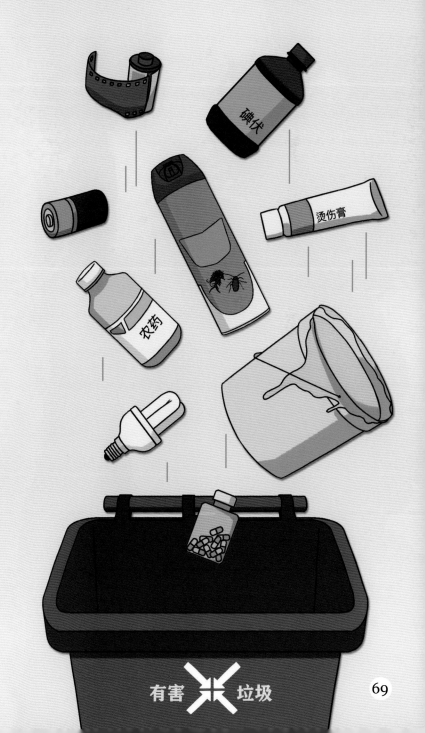

其他 垃圾

有害 垃圾

垃圾分类后的垃圾去了哪里？

我们经常做的就是将家里的垃圾分类，那么，分类后的垃圾去了哪里？一般，在垃圾分类后，一半以上的干垃圾会进入**垃圾焚烧发电厂**；绝大部分湿垃圾则进入**餐厨垃圾处理厂**或**堆肥厂**（其中处理后的残渣回到垃圾焚烧发电厂）；可回收垃圾通常会被**回收**，少数的可回收垃圾则回到垃圾焚烧发电厂；有害垃圾会被送到有害**垃圾处理厂**进行处理。

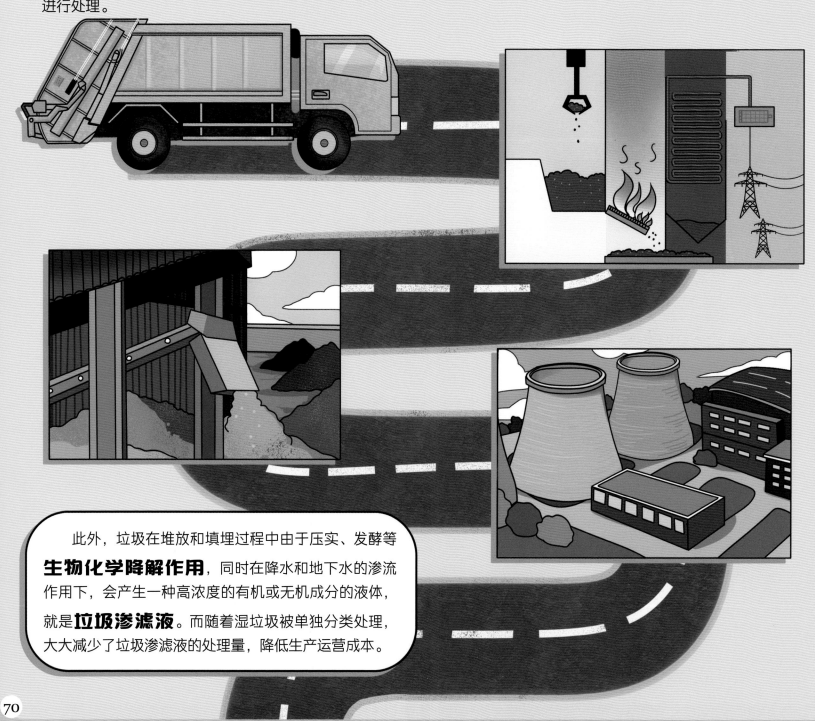

此外，垃圾在堆放和填埋过程中由于压实、发酵等**生物化学降解作用**，同时在降水和地下水的渗流作用下，会产生一种高浓度的有机或无机成分的液体，就是**垃圾渗滤液**。而随着湿垃圾被单独分类处理，大大减少了垃圾渗滤液的处理量，降低生产运营成本。

英国如何垃圾分类？

尽管垃圾分类大同小异，但不同国家的垃圾分类标准不同。在英国，每个城市，甚至伦敦的每个区对于垃圾分类的标准都不同，并且不同地区每周回收垃圾的时间和频率也不一样。英国将垃圾分为食物垃圾、一般垃圾和可回收垃圾。

丢弃食物时需要先除去包装，再将食物丢到食物回收桶中，包装丢到可回收物垃圾桶中，一般是一个绿色的标明"Recycle"（可回收）的桶。对于吹风机、电水壶这类小型电器，在一些地区可能是用带有粉色标识的黑色垃圾桶回收，桶上标明了可丢弃的垃圾种类。另外，在处理不要的衣物时，可以将其打包好，放到附近的捐赠箱中。在英国，如果垃圾没有分好类就丢弃，不仅垃圾可能会被拒收，而且会收到**罚单**，罚金一般最低为 50 英镑（约 450 元人民币）。

气候变暖如何影响我们身体健康？

影响

随着全球变暖的加剧，极端高温天气出现的频率也越来越高。就像 2018 年和 2019 年夏季炙烤北半球的热浪，已经成为一种气象灾害，而受极端气候影响最大的是老年人和孩子。科学家们还发现，中国的高温脆弱性（个人或群体对高温的适应能力较差）很高，而且还在**急剧上升**。目前 65 岁以上的老年人中有近三分之一易受到高温危害，比 1990 年增加了 25%。

其次，**森林火灾**是另一个令人担忧的问题。过去 10 年，全球 196 个国家中，有 152 个国家受森林火灾影响的人数出现了增长。中国是继印度之后受影响人数增长最快的国家，2015 至 2018 年，中国每天受林火影响的人数比 2001 至 2004 年增加了 1700 万。

林火产生的烟雾中含有氮氧化物等**有毒污染物**，可能会对居住在顺风方向 100 千米以外的居民造成伤害。森林火灾还会释放被树木锁住的碳，从而加剧全球变暖，进而导致林火季延长，形成个**恶性循环**。

主要原因

目前，全球气候变化和空气污染的主要原因仍然是使用**化石燃料**。研究显示，全球每年有几十万人因空气污染引起的疾病导致死亡。其中，孩子受到的影响最严重，由于他们的呼吸系统还在发育，所以空气污染会导致肺功能下降，哮喘恶化等。而且这些影响是终生的，会随着时间**累积**，一直持续到成年。

空气污染对疾病传播的影响同样令人担忧，从气候条件来说，2018 年是有记录以来第二个适宜细菌传播的年份，导致世界各地腹泻和伤口感染肆虐，霍乱、登革热和疟疾等疾病也更加适宜传播。

连带效应

环境的改变像倒掉的多米诺骨牌一样引起了一系列反应，从森林大火到疾病的传播。在**粮食安全**方面，自 20 世纪 60 年代以来，我国的粮食生产潜力一直在下降。随着全球变暖，这些下降势头将会加剧，从而推高食品价格。

什么建筑可以降温？

　　夏天是空调使用频率最高的季节，室内**制冷需求**的不断增长给许多国家的电力系统带来了巨大的**压力**，同时也增加了碳排放。而除了提高空调效率等技术改进，改善建筑物能效将带来长期的**节能效应**。由于不同涂料对太阳辐射的吸收能力不同，使用对太阳辐射具有高反射性的涂料涂覆的建筑有利于建筑降温。

　　科学证明，白色涂料能够更多地**反射**太阳辐射，也就是说，白色建筑降温能力最好。市面上表现最好的白色涂料能反射大约 85% 的太阳辐射，而随着科学家研究的深入，或许将开发出降温效果更好的涂料。

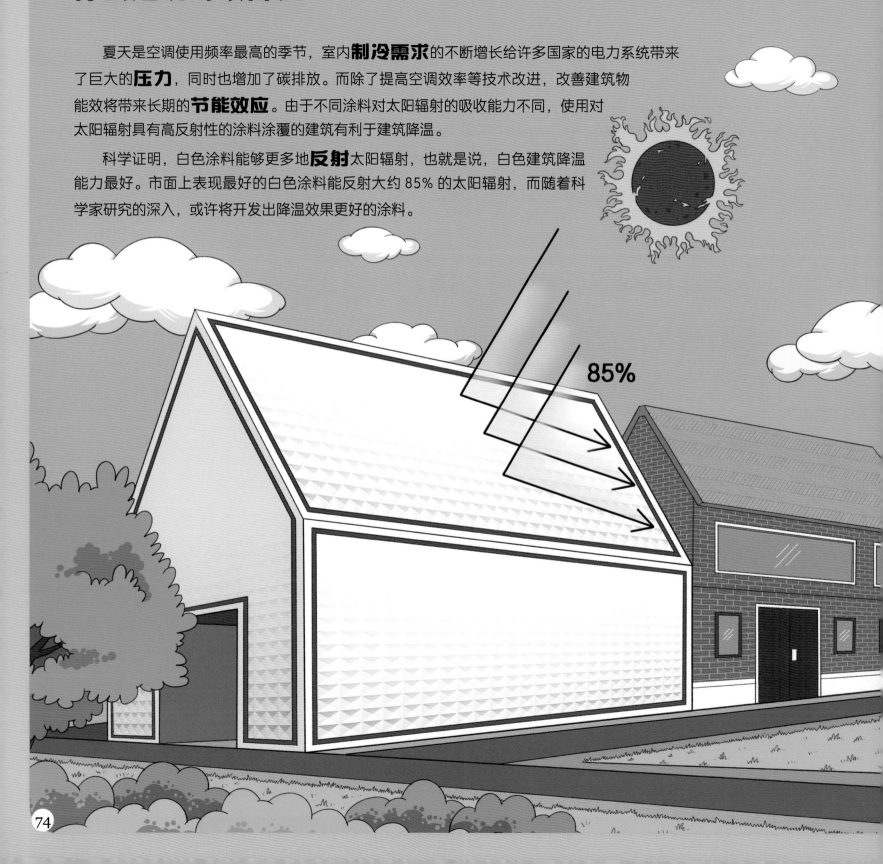

85%

塑料污染如何影响我们的生活？

我们都知道塑料污染会影响**空气和水体**。河水、海水表面上漂浮的塑料瓶，树枝上挂着的塑料袋等都是对环境的污染。而且如果动物**误食**了这些白色垃圾，会损害它们的健康，它们甚至会因为塑料在消化道中无法消化而被活活饿死。

其次，塑料还造成了**火灾隐患**。白色垃圾几乎都是可燃物，在天然堆放过程中会产生甲烷等**可燃气体**，遇到明火或自燃易引起火灾事故，造成重大损失。

废旧塑料包装物很难**降解**，会造成长期的、深层次的**生态环境问题**。比如，废旧塑料包装物混在土壤中，会影响农作物吸收养分和水分，导致农作物减产。由于塑料类垃圾在自然界停留的时间很长，一般可达 200 年甚至 400 年，所以塑料污染物还会**侵占**过多的土地。

火灾也会自然发生吗？

有一种火灾，非人为，却剧烈，那就是山火。山火的爆发需要满足燃烧三要素，即充分的**可燃物**、**助燃剂**和**着火源**。尤其是在干燥的天气里，高温天气配合干燥易燃的树木，给山火燃烧提供了充分的条件。

世界范围内的山火

近年来，世界各地森林荒野火灾频发，且火灾规模比过去大得多。仅在 2019 年，澳大利亚、巴西亚马孙雨林、美国加利福尼亚州、格陵兰岛部分地区、希腊雅典松树林等地**山火爆发**；俄罗斯西伯利亚和远东地区的森林火灾也特别严重，影响了近 1 万平方千米的土地，并使得俄罗斯部分地区进入**紧急状态**。2019 年的火灾警报数量是过去 20 年来火灾平均数量的 4 倍之多。

其中，2019年澳大利亚山火燃烧了5个月之久。自2019年9月6日新南威尔士州发生第一场山火开始，到澳大利亚爆发全国性森林大火，截至2020年1月20日，超过11.2万平方千米土地被烧焦，伤亡人数达到33人，超过上亿只动物被烧死，森林燃烧排放了约4亿吨二氧化碳，造成严重雾霾天气，影响全球空气质量，进一步加剧**全球变暖**。

非洲的草原地区也是全球火灾频发的区域之一，约占全球火灾总数的一半以上。当然，非洲的高密度的火灾与这些区域广泛用火进行土地管理有关（放火开荒、清理杂草和秸秆），尤其在赤道以北的苏丹、乍得和埃塞俄比亚，赤道以南的刚果、安哥拉、坦桑尼亚和莫桑比克。大规模火灾主要发生在人口稀少的干旱和半干旱草原以及澳大利亚、非洲和中亚内陆的灌木林地，约占全球过火面积的80%。

其他成因

山火爆发除了需要满足燃烧三要素，还有许多其他因素。比如，受全球变暖的影响，全球气温加速**上升**，热浪和干旱等灾害天气更为频繁，有利于"火灾天气"的炎热和干燥条件因此增加。气候变化让许多地方形成了更易发生林火的天气条件，增加了山火发生的可能性。

澳大利亚扑灭山火的生力军是谁？

山火爆发需要消防员的救援。澳大利亚的森林消防员分为三类：第一类是**专职消防员**，数量不多，属于国家公务员，岗位有控制官员、预防官员、培训官员、后勤支援官员、信息官员等；第二类是**临时雇佣人员**，主要是森林高火险区雇佣的瞭望员、巡逻员；第三类是**志愿消防员**，澳大利亚没有专业森林扑火队，志愿者队伍是扑救森林火灾的生力军。如新南威尔士州乡村消防局负责全州 95% 的面积，是世界上最大的志愿者防火组织，有 900 名专职消防员和 6.7 万名志愿消防员，分散在全州 2000 个以社区为基础的乡村消防队。

什么是厄尔尼诺现象？

厄尔尼诺是指赤道太平洋中东部海水大范围**持续异常增温**的现象。海温升高，会造成全球气候的变化，这个状态维持 3 个月以上，就被人们认为发生了厄尔尼诺事件。厄尔尼诺现象会导致极端天气增多。

厄尔尼诺是一种**周期性**的自然现象，大约每隔 7 年出现一次。科学家通过对全球气候的研究，认为厄尔尼诺不是一个孤立的自然现象，它是全球性气候异常的一个方面。在正常年份，秘鲁西海岸的太平洋沿岸地区都被一股寒流控制，形成一个范围很大的天然渔场。一旦出现气候异常，东太平洋的寒流即被一股暖洋流所代替，从而影响了鱼群成群的移动。

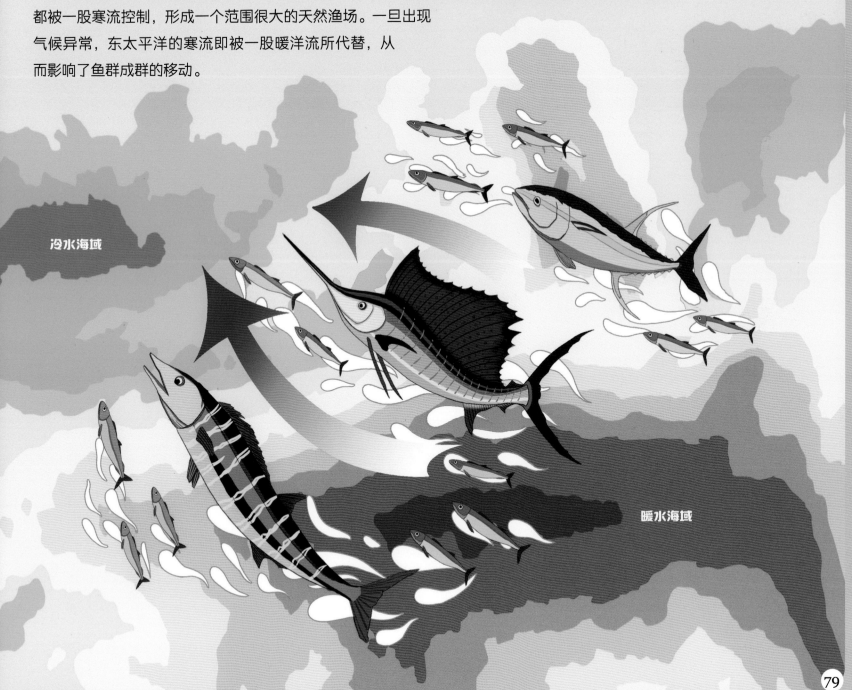

冷水海域

暖水海域

什么是隐私？

隐私，其实就是隐蔽、不公开的私事。 在汉语中，"隐"字的主要含义是隐秘、隐藏；"私"字的主要含义是个人的、秘密的。在英语中，隐私一词是"privacy"，含义是独处、秘密。

隐私是我们个人的**自然权利**。从人类抓起树叶遮羞之时，隐私就产生了。隐私也是文明演进的产物，是一个不断发展的概念。从由最初的"知羞耻"发展到今天的各种私人生活、私人信息、私人空间，都可以被视为隐私。而随着科技的不断发展和我们认识的不断提高，隐私将会有更多的含义。

隐私权

与隐私密切相关的就是隐私权，它指的是自然人依法享有的不公开与其私人生活有关的事实和秘密的权利。个人被赋予的隐私权是随着流动社会的**个体发展**而展开的一种权利赋予或权利扩充。隐私权的概念起源于美国，1980 年美国法学家萨缪尔·沃伦和路易斯·布兰代斯在《**哈佛法律评论**》发表文章《论隐私权》，第一次对隐私做了法律上的界定，他们认为隐私主要涉及的是私密的、相对静态的个人信息。

保护我们的隐私权

在中国的法律中，也对隐私权做了解释和规定。未经许可，公开公民的姓名、肖像、住址和电话号码；非法侵入、搜查他人住宅，或以其他方式破坏他人居住安宁；非法跟踪他人，监视他人住所，安装窃听设备，私拍他人私生活镜头，窥探他人室内情况；非法刺探他人财产状况或未经本人允许公布其财产状况；私拆他人信件，偷看他人日记，刺探他人私人文件内容及将它们公开等，这些做法，都是在**法律**上侵犯了隐私权。

事实上，隐私权及隐私的观念体现出人的尊严，从这个意义上说它是**必要的**，也是**重要的**，它意味着对他人的尊重。

上网是如何使我们的隐私泄露的？

进入互联网时代后，我们的生活中充满了可以联网的电子设备，这使得隐私交织在我们的日常生活网络中，在社交媒体中分享私生活成为一种**常态**，但难免会涉及私人信息。此外，由于和网络的交互，我们的个人信息也更多地留在了网络上，我们每个人每天的**日常行为**，包括查天气、查股票、查地图导航、购物、聊天、刷微信朋友圈、转发、点赞等，都留在了互联网上，而这些行为都有可能造成隐私的泄露。

海量数据里包含了我们的**个人信息**，以至于我们在网络环境中成为"**数据透明人**"，个人的所有信息都被储存于网络的后台。这也告诉我们，互联网并不是绝对安全的，我们在上网的时候，一定要注意保护自己的隐私。

健康码如何记录我们的信息？

在新冠肺炎疫情期间，大家一定都对走到哪扫到哪的健康码不陌生，健康码的原理是什么呢？

如果用一句话形容健康码，可以说是"一人一码，三色管理"。一人一码得以实现，依赖于从三个维度来获取个人历史数据信息。

第一个维度是**空间**，个人去过的地点都得以记录，地点精确到市区、乡镇，能够判断是否经过疫区、离疫区远近；第二个维度是**时间**，个人去过每个地区的每个时间点都得以记录，能够判断所去地区的时间及停留时长；第三个维度是**人际关系**，是否密切接触过确诊或疑似病例也是判断标准之一。

从三个维度对个人实现的**全程跟踪**，健康码就是这样记录了我们的信息。

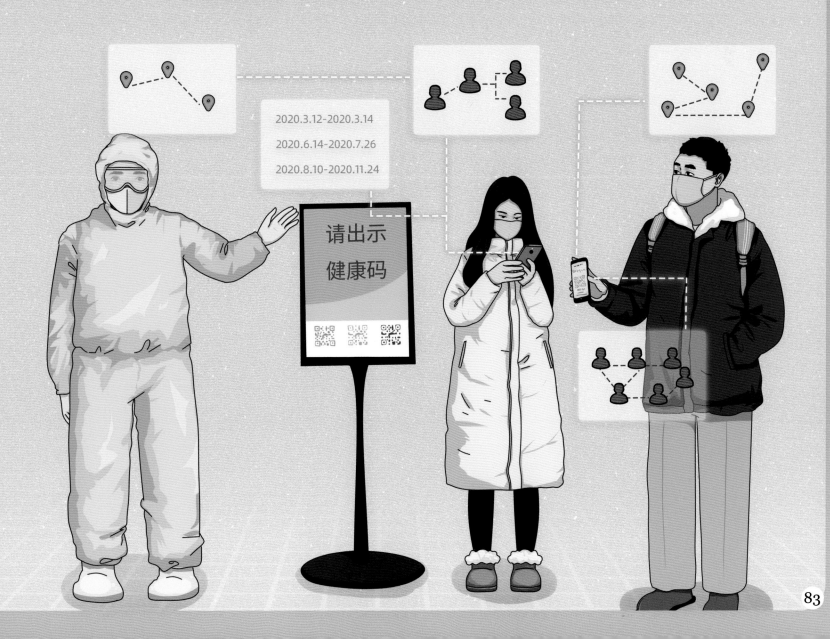

其实，手机只是一种支付的**工具**，我们通过手机来购买想要的物品。而在更早之前，金银是我们的货币。

人类最早使用货币的记录，是在公元前3000年左右的古巴比伦文明时期的古伊拉克和叙利亚。在**巴比伦时代**，人们使用大块的银，这些银根据一种叫谢克尔的度量单位来计算。于是，巴比伦开始有了最早的价格记录，由祭司在马尔杜克**神庙**进行记录，还有最早的账簿和最早的债务。

当巴比伦有了货币经济所需的许多基本要素（包括定期测试银的纯度）后，出于对王权或政府的信任，人们相信王权或政府能保证货币的价值，也就诞生了以**国家信用**为背景的货币，即纯信用货币。

纸币实现了信用货币从具体物品到抽象符号的第一次飞跃，中国最早使用纸币是在宋朝，当时的纸币是私人发行的**信用票据**或**交换票据**。直到 17 世纪，欧洲才开始接受这种想法。技术的发展加快了货币的发展，于是我们走进了更加便捷的支付时代。

1952 年，美国富兰克林银行发行了第一张信用卡，因为其大大增加的便利性，**银行信用卡**很快在全世界盛行起来。

信用卡业务得到了一定的发展，各大银行都发行了自己的**银行卡**，于是，以电子货币应用为重点的各类卡基应用系统工程也随之建立。与此同时，**线上支付**也伴随着互联网的发展逐渐兴起，我们所熟悉的支付宝就是一种线上的支付。线上支付改变了中国支付市场的格局，并**深刻影响**了接下来十几年的支付市场发展。

什么是电子货币？

我们的钱分为两种，一种是存在银行里的存款，一种是**现金**。而电子货币，其实就是将我们口袋里面的部分纸币换成**电子货币**。

举个例子，以前买条鱼 15 元，是拿出一张 10 元和一张 5 元的现金。而现在买条鱼 15 元，是拿出一张 10 元和一张 5 元的电子版现金。

相较于纸币，对政府来说，电子货币是反腐的一道**利器**；对企业来说，财务造假则成了泡沫；对社会来说，金融犯罪将无处遁形。电子货币有相对安全的**密码系统**。尤其是随着芯片银行卡的出现，其安全性能会不断地提高。此外，电子货币的使用寿命要比现金长很多，更加耐用。

为什么黄金和纸币都是货币？

随着商品生产和商品交换的发展，货币经历了从实物货币、金属货币，到纸质货币、电子货币的**演变过程**，充当货币的材料从最初的各种实物发展到统一的金属，再发展到纸币，进而出现电子货币，直至数字货币。

事实上，人类最早的交易方式是**以物易物**，后来使用贝壳、牲畜充当货币，再后来是铜、黄金和白银，直到纸币的出现。

纸质货币的出现，是货币发展史上的一次**重大变革**。因为它结束了黄金的"黄金时代"，第一次使纸币上升到本位货币的地位，从而使它能够活跃于整个商品世界。同时，它也结束了货币的"黄金时代"，第一次用没有价值的符号直接代表价值，从而使货币不再是真正的一般等价物。

图书在版编目（CIP）数据

改变未来的身边科学 / 陈根著；陈晓珊等绘.

北京：电子工业出版社，2021.9

（给孩子讲前沿科技）

ISBN 978-7-121-41883-9

Ⅰ.①改… Ⅱ.①陈… ②陈… Ⅲ.①科学知识—少

儿读物 Ⅳ.①Z228.1

中国版本图书馆CIP数据核字（2021）第173584号

责任编辑：苏　琪　　　　文字编辑：杨　鸲　吕姝琪

印　　刷：河北迅捷佳彩印刷有限公司

装　　订：河北迅捷佳彩印刷有限公司

出版发行：电子工业出版社

　　　　　北京市海淀区万寿路173信箱　　邮编：100036

开　　本：787×1092　1/12　印张：16　字数：118.20千字

版　　次：2021年9月第1版

印　　次：2021年9月第1次印刷

定　　价：158.00元（全2册）

凡所购买电子工业出版社图书有缺损问题，请向购买书店调换。若书店售缺，请与本社发行部联系，联系及邮购

电话：（010）88254888，88258888。

质量投诉请发邮件至zlts@phei.com.cn，盗版侵权举报请发邮件至dbqq@phei.com.cn。

本书咨询联系方式：（010）88254164转1821，zhaixy@phei.com.cn。

陈　根

　　知名科技作家，教授级高级工程师。剑桥大学博士后，北京大学特邀课程教授，南京航空航天大学客座教授，北京林业大学硕士研究生导师，华东理工大学创新创业导师。任人民日报、CCTV、第一财经、澎湃、福布斯、凤凰网、新浪、网易，以及路透社、澎博、英国金融时报、日本每日经济等多家国内外知名媒体的特约评论员与专栏作家。

　　出版多部金融、科技等主题的著作，多本著作以多种语言在美国、英国、加拿大、澳大利亚、法国、德国、日本等20多个国家和地区出版。

　　插画绘制团队：陈晓珊 田喆 陈奕心 王睿 陈晓晴

小猛犸童书

给孩子讲前沿科技

陈根 / 著　陈晓珊 田喆 陈奕心 等 / 绘

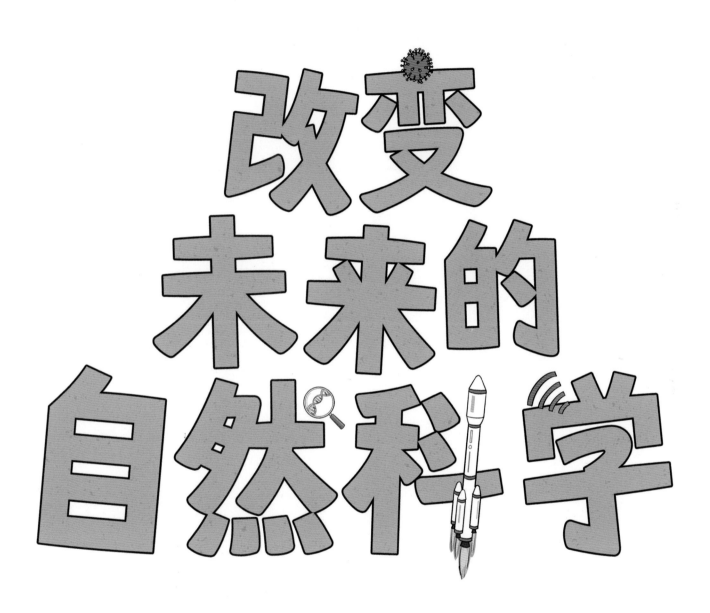

改变未来的自然科学

电子工业出版社·

Publishing House of Electronics Industry

北京·BEIJING

探索未来无限可能

亲爱的孩子们：

　　你们这一代人所面临的挑战与不确定性远大于我们的时代，所以很难用以前的经验指导你们来战胜未来的困难。在你们未来成年后的时代，你们将要面对的是生物基因工程所带来的生命伦理道德的挑战与改变，人工智能所带来的人的自由意志与机器人主体意志的伦理挑战，疫情所带来的全球化与逆全球化的人类发展困境的挑战，脑机混合技术所带来的人与机器人之间的伦理与道德的挑战，外太空探索技术所带来的人类生存与物种存续的道德挑战，量子科学发展所带来的宗教意志与伦理的挑战……当然，这只是未来时代将面临的诸多挑战中的一部分。

　　今天的一些知识与教育观念不一定能有效地帮助你们面对未来，随着科学技术不断地向前探索与推进，人类将不断地向未知地带探索。这是一种机遇、一种挑战，更是一种压力。作为科技作家，我已经预见到了之后你们所要面对的环境。但是我也没有去过未来的社会，未来的道路需要你们的学习能力与创新能力，需要你们开动脑袋中的小宇宙来探索前方未知的道理。

　　这里是我的一些思考，或许这些对于你们的成长，以及更好地面对不确定性不断增加的未来社会，会是比较重要的参考元素：

　　爱心：我们的内心一定要保持爱的能力，这是一种特别强大的能力。就像物理学中作用力与反作用力的理论一样，当我们心怀爱心温柔地对待这个世界的时候，世界终会因我们的这种爱心而美好。未来我们在面对人工智能机器人的时候也是如此，当我们以爱心对待它们的时候，它们也会因为我们的爱心而变得更有爱心。

探索：在你们成长的道路上会受到各种各样的规则与要求的束缚，这些规则与要求是为了让我们有一天能够探索出新的规则与方法。在学习的道路上要始终保持一颗好奇心，学习好当下的知识的同时要多思考为什么。

学习：这或许是唯一能应对与打败困难的方法。因为我们每一个人所知道的知识都非常有限，也经常会面对一些自己没有遇到过的困难，而唯一能战胜这些困难的办法就是不断地学习。所以，一定要培养一个好的学习的习惯，努力让自己能每天在知识的海洋中多徜徉一会儿。

毅力：我们每个人都有习惯性的懒惰，对于大人来说克服惰性的办法只有依靠自己的毅力与自律。庆幸的是在你们小的时候，还有大人能帮助你们一起来克服与打败惰性。不论现在或是以后，你有什么兴趣爱好，或者是什么梦想，能够帮助你实现梦想的一定不是神笔马良，而是学习+毅力。

感恩：请记得，我们一定要心怀感恩面对这个世界。我们人类一直希望在一个不太公平的世界里寻找到绝对的公平，人类的脚步一直都向着更美好的公平方向努力。因此，拥有一颗感恩的心是一件无比美好的事情，感恩的心将会给人生带来意想不到的惊喜。

科技作家 陈根

致我亲爱的孩子

　　我亲爱的孩子，爸爸答应了你要为你这个年龄段的孩子们写一本你们能看懂的科普书，今天爸爸做到了对你的承诺。这几年爸爸一直在思考，到底什么样的教育才是正确的教育，到底应该怎么样来跟你分享、探讨关于教育的问题。为了学习如何做一个可能正确的爸爸，我这几年里去到美国、欧洲、亚洲等发达与不发达的国家与地区，并到大家心目中的学术圣地哈佛、剑桥、MIT等学校去访学。但很抱歉地对你说，爸爸至今还没有明白在当下如何教你用一种方法来应对未来不确定的社会，但爸爸会一直是你的好朋友，会陪伴着你一起探索、成长。

　　爸爸无法陪伴与保护你一起走完你的人生，只能陪着你走过你人生路上的一小段，而未来还有一大段路需要你自己面对。需要你自己走的那一大段人生路，对于爸爸来说也是一个未知的未来。其实你们这一代人所面临的挑战与不确定性远大于爸爸面临的这个时代，所以爸爸很难用现在的经验指导你们来战胜未来。但爸爸可以肯定的是，如果你们掌握了学习的方法，热爱学习、不怕困难、保持好奇、心怀梦想、不断创新，就一定能在未来的社会中创造惊喜。

　　爸爸也一直在关注与学习你们所学习的知识与课本，这些知识的学习非常重要。尽管这些学习中大部分都没有涉及未来社会，更多的只是讨论历史中已经发生的事情，以及当下大家所形成的一些共识，但我们通过这些学习可以了解过去和当下，因为人类社会的发展一直是螺旋式的向前拓展与探索的。

　　写这本书，爸爸是想跟大家分享我们人类社会目前的发展状况，帮助我们了解更多的科技知识，或许我们从这些前沿科技知识的探索中能找到自己的兴趣点。如果在阅读的时候会产生

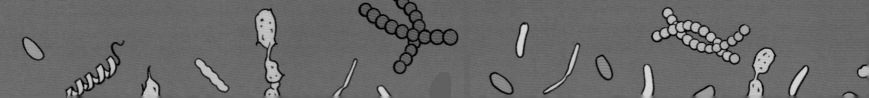

一些疑问，那要祝贺你，因为你认真地阅读了，并且在阅读的过程中思考了这些问题。这些知识是人类社会目前最前沿的技术，是最新的技术，是很多科学家都在研究的新知识。而你们在这么早的阶段就接触到了这些知识与技术，并且有了一些思考与探索，这是一件非常了不起的事情。

如果你们能在阅读中始终保持好奇心，保持探索的心，或者我们可以尝试着将你阅读过程中的一些疑惑记录下来，并且尝试着一步一步地查阅这些疑惑的知识点。我们可以寻求大人的帮助，借助互联网、图书馆的查阅试着了解这些疑惑。只要我们能保持这颗好奇心、探索心、阅读心，就能在不断的学习中解决我们成长过程中的疑惑，以及未来可能面对的困难。

我爱你，我的孩子。爸爸一直在努力学习如何当一个合格的父亲。爸爸心怀感恩，写下这套给你、给诸多和你一样的孩子的科普图书，让自己能够有机会进行更广阔的探索，通过学习不断地克服惰性，终于完成了这份美好的礼物。爸爸和你一样，每天也在努力地学习，让我们一起努力来开启我们的知识海洋的探索之旅。

最后，爸爸想对你说，其实每一个小朋友都是上帝派来的天使，每一个天使都是超人，都拥有超人的能量。不论周围的人是不是相信你拥有超能量，但你要相信自己是拥有独特超能量的天使。我们在成长的道路上会遇到各种各样的大困难或者小困难，或许是生活上的，或许是学习上的，或许是同学关系上的，但你只要开动自己的小脑袋，然后把属于你的超能量发挥出来，就一定能战胜各种各样的困难。

永远爱你的爸爸

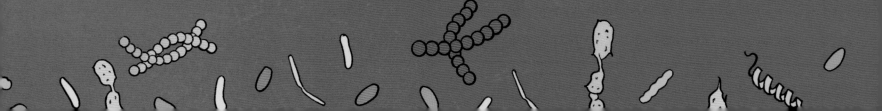

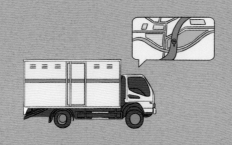

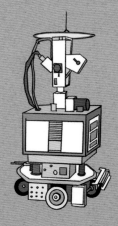

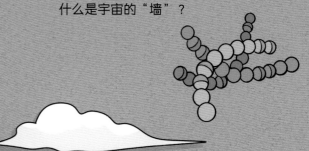

古人是怎么想象人工智能的？

历史上的"人工智能"

"人工智能"虽然现在才广泛进入我们的生活，但是在很早很早以前，人类的祖先就对人造机械智能充满想象与思考。

地球上第一个行走的机器人叫**塔洛斯**，是个铜制的巨人，大约 2500 多年前在希腊克里特岛降生在匠神赫菲斯托的工棚里。据荷马史诗《伊利亚特》描述，塔洛斯当年在特洛伊战争中负责守卫克里特。诸神饮宴时有会动的机械三足鼎伺候。古老的机器人虽然跟现在一般意义上的人工智能没什么关系，但这些尝试都体现了人类复制、模拟自身的梦想。

人类对人工智能的凭空幻想阶段一直持续到了 20 世纪 40 年代。由于第二次世界大战交战各国对计算能力、通信能力在军事应用上的迫切需求，使得这些领域的研究成为人类科学的主要发展方向。

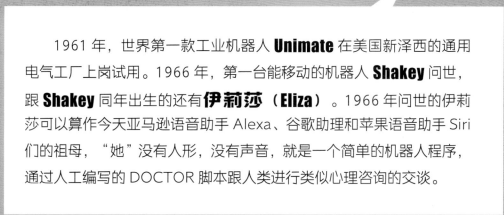

1961 年，世界第一款工业机器人 **Unimate** 在美国新泽西的通用电气工厂上岗试用。1966 年，第一台能移动的机器人 **Shakey** 问世，跟 **Shakey** 同年出生的还有**伊莉莎（Eliza）**。1966 年问世的伊莉莎可以算作今天亚马逊语音助手 Alexa、谷歌助理和苹果语音助手 Siri 们的祖母，"她"没有人形，没有声音，就是一个简单的机器人程序，通过人工编写的 DOCTOR 脚本跟人类进行类似心理咨询的交谈。

工业机器人 Unimate

人工智能可以做什么

现在，许多人工智能的能力已经超越人类，比如围棋、德州扑克，比如证明数学定理，比如学习从海量数据中自动构建知识，识别语音、面孔、指纹，驾驶汽车，处理海量的文件，物流和制造业的自动化操作。过去 10 年中，人工智能开始写新闻、抢独家，经过海量数据训练学会了识别猫，IBM 超级电脑**沃森**战胜了智力竞赛两任冠军，谷歌**阿尔法围棋**战胜了围棋世界冠军，波士顿动力的机器人 **Atlas** 学会了三级障碍跳。

机器人可以识别和模拟人类情绪，可以充当陪伴和护理员了，人工智能的应用也因此遍地开花，进入人类生活的各个领域。

机器人 Atlas

人工智能如何识别人脸？

这是一个"看脸"的时代，一谈人脸技术，大家最为熟知的就是人脸识别。我们在支付和登录的许多时候都用到了人脸识别，而人脸识别也成为了人工智能技术领域的明星。

一般而言，一个完整的人脸识别系统包含四个主要组成部分，即**人脸检测、人脸配准、人脸特征提取**和**人脸识别**。

其中，人脸检测在图像中找到人脸的位置；人脸配准在人脸上找到眼睛、鼻子、嘴巴等面部器官的位置；通过人脸特征提取将人脸图像信息抽象为字符串信息；人脸识别对比目标人脸图像与既有人脸并计算相似度，确认人脸对应的身份。

姓名：小红
年龄：23
家庭住址：银河镇99号
婚否：未婚
有无犯罪记录：无

机器可以像人一样学习吗？

一般来说，机器在这里就是指我们知道的**计算机**，那么，计算机并不是生物，如何像人一样学习呢？

从广义上来说，机器学习是一种能够赋予机器学习的能力，以此让它完成直接编程无法完成的功能的方法。但从实践的意义上来说，机器学习是通过利用**数据**，训练出**模型**，然后使用模型**预测**的一种方法。

简单来说，就是给计算机大量的数据，然后根据事情发生的可能性来预测结果。机器学习与人类思考的经验过程是**类似的**，不过它能考虑更多的情况，执行更加复杂的计算。事实上，机器学习的一个主要目的就是把人类思考归纳经验的过程转化为计算机通过对数据的处理计算得出模型的过程。经过计算机得出的模型能够以近似于人的方式解决很多灵活复杂的问题。

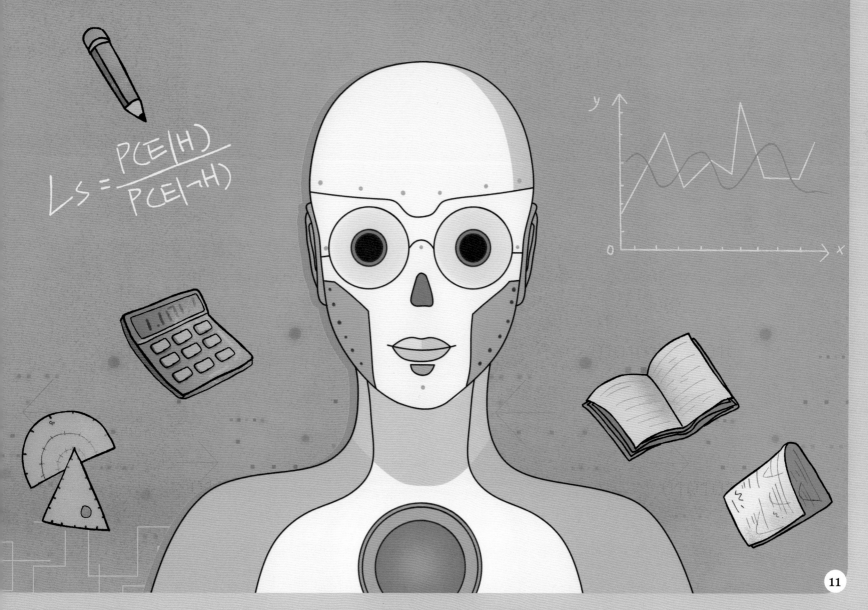

$$LS = \frac{P(E|H)}{P(E|\neg H)}$$

人类如何拥有了智能？

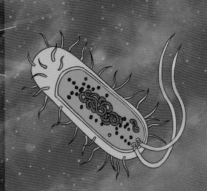

生命的形成

138 亿年前，**宇宙大爆炸**。这是所有历史日期的开端，是故事开始的地方。46 亿年前，**地球诞生**。6 亿年后，在早期的海洋中，出现了最早的生命，生物开始了由原核生物向真核生物复杂而漫长的演化。

6 亿年前，震旦纪，地球上出现了多细胞的埃迪卡拉生物群，原始的腔肠动物在震旦纪的海洋中浮游着。控制它们运动的，是体内一群特殊的细胞——**神经元**。不同于那些主要与附近细胞形成各种组织结构的同类，神经元从胞体上抽出细长的神经纤维，与另一个神经元的神经纤维相会，形成名为突触的单向连接结构。

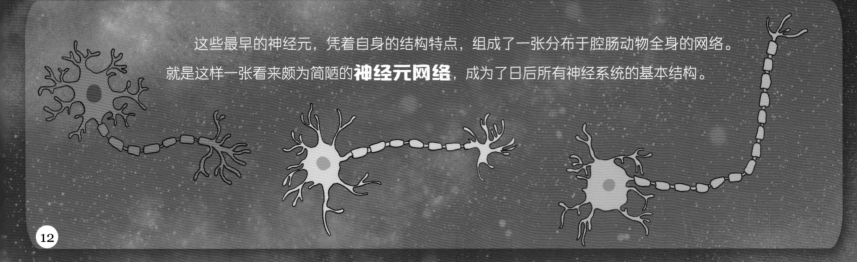

这些最早的神经元，凭着自身的结构特点，组成了一张分布于腔肠动物全身的网络。就是这样一张看来颇为简陋的**神经元网络**，成为了日后所有神经系统的基本结构。

人类的起源

2000万年前，一部分灵长类动物开始花更多时间生活在地面上。到了约700万年前，在非洲某个地方，出现了第一批用双脚站立的**"类人猿"**。

200万年前，非洲东部出现了另一个类人物种，我们称之为**"能人"**。这个物种的特别之处在于它的成员可以制作简单的石质工具。在这之后，漫长又短暂的150万年中，狭义上的"智能"在他们那大概只有现代智人一半大的脑子里诞生发展。他们开始改进手中的石器，甚至尝试着驯服狂暴的烈焰。随着自然选择和基因突变的双重作用，他们后代的脑容量越来越大，直到**直立人**的出现。

根据古生物学的研究，名为"直立人"的物种，和现代人类个头相当，其脑容量也和我们相差无几。他们制作的石质工具比能人更加精细复杂。随后，这个物种的部分成员离开非洲，历经多代繁衍与迁徙，最远到达了今天的中国境内。

终于，我们人类，即**智人**，出现在约25万年前的东非，拥有了独属智人的智能。

机器人是人吗？

在许多动画片里，都有机器人的身影，那么，机器人是人吗？

机器人，顾名思义，就是**机器造的人**。在古代的神话传说中，人类就对
人造人有了幻想和简单实践。一直到了 20 世纪 40 年代，信息科学的出现和电子
计算机的发明，让一批学者真正开始探讨构造人造机械智能的可能性，于是，就有了后来的人工智能。

机器人学科是人工智能的一个小分类，是**模仿人的智能**而开发的一项科学技术。我们再回到一开始的问题，
机器人是人吗？机器人是人造的人，是人用机器制造的系统。虽然机器人可以像人一样完成我们生活中的许多事情，
甚至比人类还严谨，但机器人却没有几百万年的进化史留在人类身上的印记，没有生物的直觉和本能，没有人类独有
的激进的创造力、非理性的原创性，甚至毫无逻辑的慵懒。所以机器人，与人类还是有区别的。

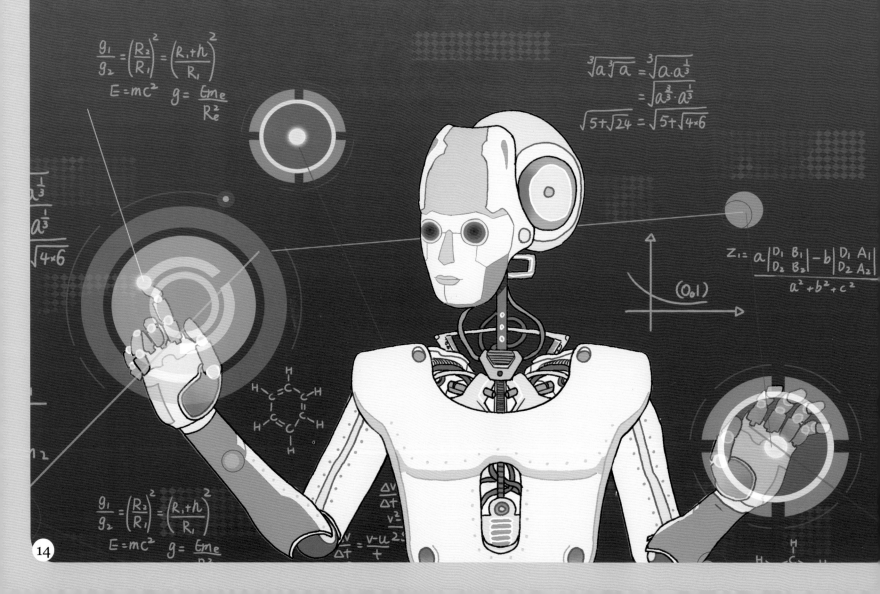

机器人都能做什么？

在制造业中，工业机器人已经成为不可少的核心装备，世界上有近百万台工业机器人正与工人朋友并肩战斗在各条战线上。

此外，**服务机器人**可以治病保健、保洁保安；**水下机器人**可以帮助打捞沉船、铺设电缆；**工程机器人**可以上山入地、开洞筑路；**农业机器人**可以耕耘播种、施肥除虫；**军用机器人**可以冲锋陷阵、排雷排弹。

在现实生活中有些工作会对人体造成伤害，比如喷漆、重物搬运等；有些工作要求质量很高，人难以长时间胜任，比如汽车焊接、精密装配等；有些工作人类无法身临其境，比如火山探险、深海探密、空间探索等；有些工作不适合人去干，比如一些恶劣的环境、一些枯燥单调的重复性劳作等。这些人们做不了或做不好的领域就变成了机器人**大显身手**的舞台。

从大到小的计算机

不论是网上购物还是电子支付，交通还是通信，我们生活中的许多活动都是由计算机来控制的，**计算机早已无处不在**。计算机是用于高速计算，能够按照程序运行，自动、高速处理海量数据的现代化智能电子设备。

第一代计算机以**商用计算机**的出现为主要特征，使用真空管作为电子元件。大约在 1950—1959 年这段时期，计算机只有专家们才能使用。由于体积庞大，计算机只能被锁在房子里，禁止操作者和计算机专家以外的人员使用。

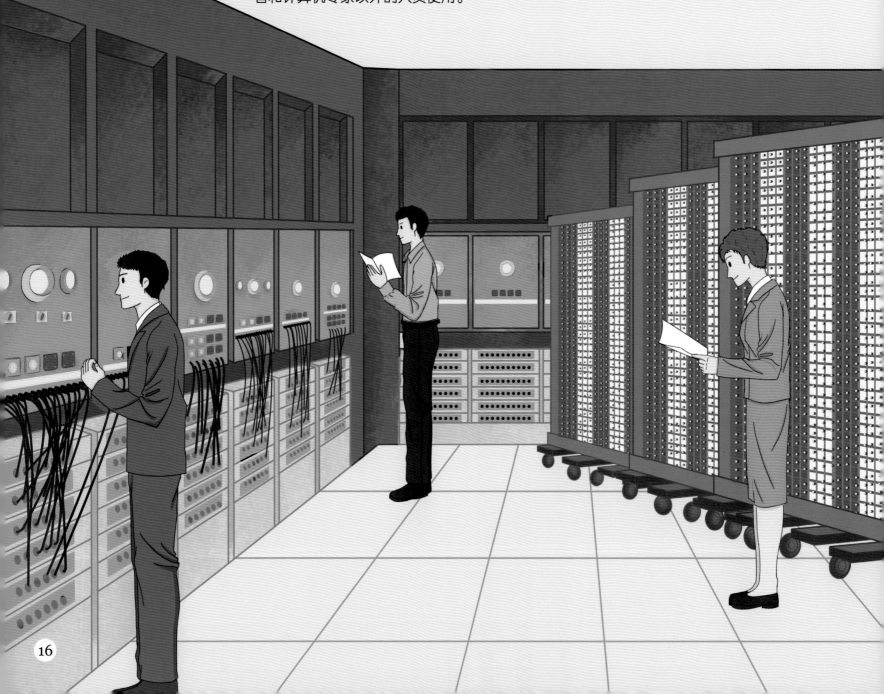

第二代计算机的体积开始缩小，由**晶体管**代替真空管，这也节省了计算机的成本，让一些中小型企业也可以负担得起。同时，一些高级计算机程序设计语言的发明使得编程更加容易。

第三代计算机就是以**集成电路**为核心技术的小型计算机，这个时候的计算机成本更低，体积也更小。这一时期大概从1965年持续到1975年。

再后来，出现了微型计算机，也就是**第四代计算机**。其中，第一台**桌面可编程**计算器出现在1975年。电子工业的发展允许整个计算机子系统做在单块电路板上。这一时代还出现了计算机网络。

现在，我们已经进入了**第五代计算机**的时代，移动手机、平板电脑、笔记本电脑等大量普及，计算机的发展也趋向超高速、超小型、并行处理和智能化。其中，**人工智能计算机**就是一种有知识、会学习、能推理的计算机，具有能理解自然语言、文字和图像的能力，并且具有说话的能力，使人机能够用自然语言直接对话。它可以利用已有的和不断学习到的知识，进行思考、联想、推理，并得出结论，能解决复杂问题，具有汇集、记忆、检索有关知识的能力。随着技术的进步，未来将会诞生更多各种形式和功能的计算机。

什么是量子计算机？

　　量子计算机是一类**遵循量子力学规律**进行高速数学和逻辑运算，存储及处理量子信息的物理装置。量子计算机与人们日常所谈论的计算机完全不同。这是因为量子计算机中的数据用**量子位存储**。由于量子叠加效应，一个量子位可以是 0 或 1，也可以既存储 0 又存储 1。因此，一个量子位可以存储 2 个数据。同样数量的存储位，量子计算机的存储量比通常计算机大许多。

　　也就是说，量子计算机相较于当前使用最强算法的经典计算机，将在一些具体问题上有更快的处理速度和更强的处理能力。比如，谷歌公司开发的量子计算机 **Sycamore** 能够在 200 秒内完成规定操作，而相同的运算量在当今世界最大的超级计算机 **Summit** 上却需要 1 万年才能完成。

神奇的分子计算机

　　分子计算机的运行是吸收分子晶体上以电荷形式存在的信息，并以更有效的方式进行组织排列。生物分子组成的计算机能在生化环境下，甚至在生物有机体中运行，并能以其他分子形式与外部环境进行交换。因此，分子计算机将在医疗诊治、遗传追踪和仿生工程中发挥无法替代的作用。

　　同时，分子芯片的体积可比现在的芯片大大减小，而效率大大提高。分子计算机完成一项运算，所需的时间仅为 **10 微微秒**，比人的思维速度快 100 万倍。分子计算机具有惊人的存储容量，1 立方米的 DNA 溶液可存储 1 万亿亿个二进制数据。分子计算机消耗的能量非常小，只有电子计算机的**十亿分之一**。

AGCATGGAC	CATTACGTA
ACATTACGA	GGACTGCA
AGCTAGTTA	ATTCATGCT
GCTTAGTCA	ATTGCGAGC
ATGCATTAC	ATGGACACA
GTAGGACT	TTACGAADC
GCAATTCAT	TAGTTAGCT
GCAATTGCG	TAGTCAATG

1 00101 1 00101
010 1010110101 1
00 0 10100 1 011
0 1100110 10100
0 11010 1000101

世界上真的有神奇的意念控制法吗？

我们是不是都有过这样的幻想：**通过一个意念我们就能改变"现实"**，学习知识不再需要通过书本、视频等媒介，也不需要再花费大量时间，只需直接将知识传输到大脑当中即可。

事实上，在许多的科幻作品里就有这样的意念控制技术，而科技的进步，又让意念控制技术从电影或小说作品中走向了现实。

两年前的《加油！向未来》节目中，一个名叫林安露的 22 岁女孩，就借助意念控制技术控制自己的**智能假肢**，和钢琴家郎朗成功完成了四手联弹。而来自查尔默斯理工大学等研究人员的最近报告称，有史以来最先进的仿生假肢之一又取得了新的突破与成功。该系统被整合到病人的神经中，让他们只需想一想就能控制假肢，就像使用自然肢体一样。

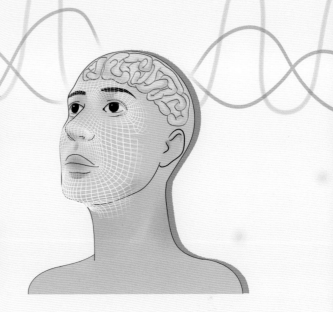

事实上，意念控制其实就是**脑机接口**的一项技术，借助于芯片与人工智能技术来解读大脑意念，从而实现对依附于身上的智能设备进行控制。

目前的"脑机接口"主要分为**植入式**和**非植入式**两大类。植入式和非植入式两种方式各有优劣：植入式操控更精确，可以编码更复杂的命令，比如三维运动，但手术造成的创伤不可避免；非植入式电极这种头皮贴片虽然方便，无需开颅植入，但是能探测到的脑电信号范围和精确度有限。

此外，更高级的脑机接口，可以在人的控制下，对自己的意识和记忆进行**改造**，并且可以和外界（互联网或个人服务器）进行**双向的交流**，而人脑也可以变成一个可有限访问的节点服务器进行信息传送。这种更高级的脑机接口更像是《攻壳机动队》里的设定。

如果脑科学能突破现有的这些问题，那么脑机接口的应用前景将会更加广阔。脑机接口也将成为比肩核聚变的系统。核聚变解放了一群人，而脑机接口将成为个人解放的突破点，或许，我们在未来也能体验到这一神奇的意念控制法。

我们的语言是如何产生的？

其实人类不是一开始就有语言的，更何况我们现在这么丰富的词汇，经历了漫长的演化和不断更新，才有了现在的语言。

语言是人类大脑高级认知活动的产物。从神经肽、神经元到神经网，从神经节到几个神经节融合在一起形成脑，到原始大脑的形成，再到能够理性思考的新皮层的出现，可以说，神经系统经历了从无到有、从简单到复杂、从低级到高级的发展过程。

正因为人类大脑新皮层擅长思考，并能对事物的本质属性进行归纳和演绎，就在大约 10 万年前，人类掌握了一项突破性的工具，就是能够用**特定的抽象声音**来指代某个具体事物。

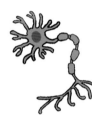

比如"石头"这个词的发音并不是石头本身，而是通过发音来指代石头这个物体的**符号**，就这样，原始的语言诞生了。很快，世界上各种各样的事物都有了相应名称。到了公元前 5 万年，人类已经能够完整使用复杂的语言进行交流。

语言也有缺陷吗？

尽管我们能够拥有丰富的词汇和如此多功能的语言，但却难以回避语言的天生缺陷：一是**精度低**；二是**效率低**。这是什么意思呢？

从语言的精度角度，可以说，无论人类的哪一种语言，其精度都是相当低的。语言的社会性和模糊性导致了很多时候人和人之间沟通准确性是很低的，因此人们会耗费大量的时间在沟通上，在人与人的沟通过程中，信息被大量损耗。从语言的效率角度，我们无法像计算机一样快速地将客观信息**输入大脑**，而在靠语言和文字进行信息传播的时候，速度确实非常慢。

而当我们进入一个全新的数字时代时，语言的弱点和局限性就开始被放大了。时代车轮滚滚向前，历史发展的内在需求推动着技术的进步与发展，终于迎来了脑机接口的登场。

为什么我们要把电子产品穿在身上？

这看起来好像是一个不太聪明的问题，但其实在回答这个问题的同时，我们身上已经穿戴了很多电子的产品。我们现在身上穿戴的电子产品有一个很朴素的名字，就叫**可穿戴设备**。

可以穿的智能设备

可穿戴设备就是可以穿戴于人身上的各类智能设备。这些设备具备了当下智能手机、平板电脑以及个人计算机的大部分功能，不同之处在于，可穿戴设备内嵌了各类**灵敏的高精度传感器**，作为输入终端能与人体达到前所未有的深度融合。比如输入方式不再是传统的键盘或者声音输入，而是升级为与人体更为密切的心跳、脑电波、视网膜影像等。2012 年因**谷歌眼镜**的亮相，被称作"**智能可穿戴设备元年**"。在智能手机的创新空间逐步收窄和市场增量接近饱和的情况下，智能可穿戴设备作为智能终端产业下一个热点已被市场广泛认同。

天坛公园
北京市东城区天坛东里甲1号

🚶20mins

北京
BEIJING

26℃

优

未来发展

当可穿戴设备发展到足够成熟的时候，它们会成为我们生活甚至我们身体的一部分。比如它们可以是眼镜、手环、手表、服饰、鞋袜等与人们日常生活息息相关的任何东西。

我们身边的可穿戴装备

我们熟悉的苹果手表其实就是我们可以穿戴的电子产品。苹果手表可以打电话，用语音回短信，能够连接汽车，获取天气、航班信息，具备地图导航、播放音乐、测量心跳、计步等几十种功能，可谓一款全方位的健康和运动追踪设备。也正是因为可穿戴设备这些强大的功能，使我们能够解放双手，生活更方便，所以可穿戴设备才受到我们的欢迎，我们也愿意把它们穿在身上。

智能眼镜为什么神奇？

戴上一副眼镜，连接计算机或手机，我们就能进入一个全新的**虚拟世界**。当我们向前行走或者转头时，你所看见的景象也会随之改变。你可穿过大厅，推开前面的大门。当你看见一件精美的展品时，你甚至可以上上下下、里里外外仔细地观摩。这就是智能眼镜可能带来的神奇效果。

其实，这是智能眼镜通过一种叫作**虚拟现实**的技术来实现这些虚拟场景的**模拟**。虚拟现实就是虚拟和现实相互结合。从理论上来讲，虚拟现实是一种可以创建和体验虚拟世界的计算机仿真系统，它利用计算机生成一种模拟环境，使我们沉浸到该环境中。由于虚拟现实中的环境不是我们能直接看到的，而是**通过计算机技术模拟出来的现实中的世界**，所以才被称为虚拟现实。

皮肤也可以穿戴吗？

　　很多人会疑惑，我们已经拥有了皮肤，为什么还要开发可穿戴的**电子皮肤**？其实，尽管我们已经拥有了生物的皮肤，但我们的皮肤却不是万能的。

　　而电子皮肤却可以拓展人类皮肤的**感知能力**，比如感知人类皮肤无法感知到的微弱信号、光信号、声信号等；另一方面，电子皮肤可以将人类的触觉延伸到其他本没有触觉的物体上，使得周边的事物更加智能、生活更加便捷。作为一种**仿生电子检测装置**，电子皮肤可以应用到医疗领域，实时监测我们身体的健康状态和给予医疗帮助；也可以应用到假肢和机器人的制造，让它们具备人类皮肤的能力，更加地灵敏和智能。

力磁传感工作原理示意图

27

除了人类，数字也有双胞胎？

一直以来，科幻作家们都乐此不疲地想象另类现实和平行世界：当航天员在遥远的外太空执行紧急的舱外修复任务时，在没有时间和空间进行观察，也没有经验可以借鉴的情况下，可以通过操作将涉及的各项参数、外部环境、时间、温度整合在一起，**模拟**出一个和现实一模一样的虚拟环境，找出最佳的操作方式，在规定时间内完成舱外修复任务。

而想要完成上述看起来很"科幻"的事情，就需要借助我们说的"**数字双胞胎**"。数字双胞胎有一个听起来很严肃的名字——"**数字孪生**"。

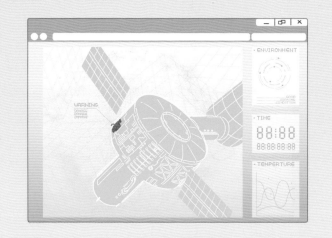

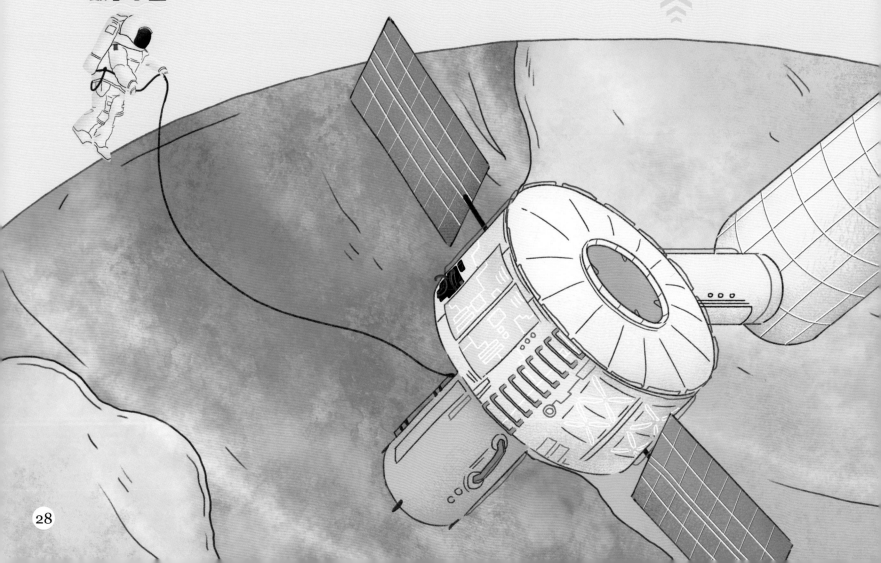

特点

数字孪生就是在一个设备或系统的基础上，创造一个数字版的"克隆体"（即数字孪生体）。这个"**数字克隆体**"被创建在信息化平台上，是虚拟的。与计算机的设计图纸不同，相比于设计图纸，数字孪生体最大的特点在于，它是对实体对象的动态仿真。也就是说，数字孪生体是会"动"的。

而且，数字孪生体不是随便乱"动"的。它"动"的依据，来自实体对象的物理设计模型、传感器反馈的数据，以及运行的历史数据。实体对象的实时状态，还有外界环境条件，都会复现到孪生体身上。

关键词

除了"会动"之外，我们理解数字孪生还需要记住三个关键词，分别是"全生命周期""实时/准实时""双向"。

全生命周期，是指数字孪生可以贯穿产品包括设计、开发、制造、服务、维护乃至报废回收的整个周期。而**实时/准实时**，是指本体和孪生体之间，可以建立全面的实时或准实时联系。**双向**，则是指本体和孪生体之间的数据流动可以是双向的，并不是只有本体向孪生体输出数据，孪生体也可以向本体反馈信息。

上面，就是我们说的数字双胞胎。

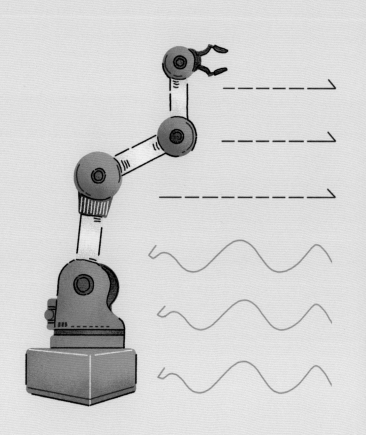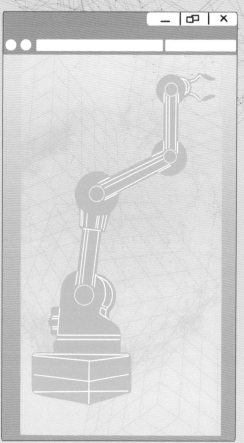

数字双胞胎是怎么诞生的呢？

数字双胞胎诞生在美国，时间是公元 2002 年，它是密歇根大学一位叫**迈克尔·格里夫斯**的教授提出的。迈克尔·格里夫斯教授提出的"数字双胞胎"只是一个雏形，当时还没有被称为"数字孪生体"或"数字双胞胎"。而迈克尔·格里夫斯教授也只是希望装置的信息和数据能够更清晰地表达，希望能够将所有的信息放在一起进行**更高层次的分析**。

而真正将"数字双胞胎"理念付诸实践的甚至是早于理念提出的美国国家航空航天局的**阿波罗项目**。在阿波罗项目中，美国国家航空航天局需要制造两个完全一样的空间飞行器，而留在地球上的飞行器

就被称为"孪生体"，用来反映（或镜像）正在执行任务的空间飞行器的状态。

我们生活中有没有数字双胞胎？

有的，就在 2020 年。

在 2020 年的新型冠状病毒导致的肺炎疫情期间，有一个震惊世界的伟大奇迹，那就是**雷神山医院**。雷神山医院总建筑面积约 60000 平方米，其中，医疗隔离区约 51000 平方米，病床约 1600 张，医护住宿区约 9000 平方米，可容纳 2000 余名医护人员。而这么庞大的医院建筑，从设计到完工，**竟然只用了 13 天**，这也创造了建筑史上的一次**中国速度奇迹**。

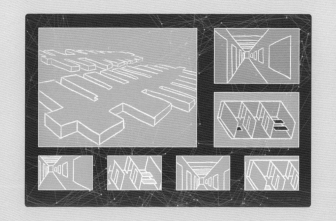

除了辛苦工作的建筑工人、医护人员等，要在短时间内完成这么庞大的工程，其中，就有"数字双胞胎"的功劳。中南建筑设计院的建筑信息建模团队为雷神山医院创造了一个数字化的"双胞胎兄弟"。采用建筑信息建模技术建立雷神山医院的数字孪生模型，根据项目需求，利用建筑信息建模技术进行指导和验证设计，为设计建造提供了强有力的支撑。

于是，就有了我们后来看到的，令全世界人民都对中国建筑速度刮目相看的雷神山医院。

手机的内"芯"

想要手机有许多功能，更智能地被我们使用，首先要给手机一颗"芯"。而这颗"芯"，就是**芯片**。

什么是芯片？

芯片就是采用几百道复杂的工艺，把一个电路中所需的部件，包括二极管、电阻、电容和电感等元器件及布线互连形成一个模块。芯片最大的特点就是需要**把数量巨大的电子元器件做到像指甲盖那么小的一个区域中。**

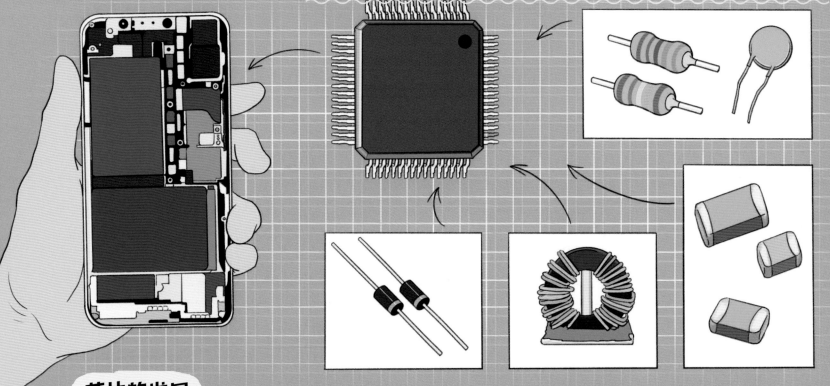

芯片的发展

1946 年，世界第一台通用电子计算机"**埃尼阿克**"（ENIAC）诞生。埃尼阿克重达 30 多吨，占地面积 170 多平方米，肚子里装有 18000 只电子管。令人哭笑不得的是它的耗电量，据说"埃尼阿克"耗电超过 174 千瓦时，每次使用时全镇的电灯都会变暗。更要命的是，电子管平均每隔 15 分钟就要烧坏一只，科学家们不得不满头大汗地不停更换。

尽管如此，这台我们如今觉得奇怪的庞然大物的计算速度却是当时手工计算的 20 万倍、继电器计算机的 1000 倍。然而，由于"埃尼阿克"体积过大，信息存储速度太慢，人们对缩小计算机体积、提高运算速度的渴望越来越强烈。

于是就有了**晶体管**的诞生。晶体管的发明揭开了半导体器件的神秘面纱，开启了芯片的发展历史，引发了第三次工业革命，使我们步入了电子时代。

1958 年，美国德州仪器公司展示了全球第一块**集成电路板**，世界从此进入了集成电路的时代，也揭开了 20 世纪信息革命的序幕。

如今，我们使用的计算机已经是早期巨无霸的 $1/N$。集成电路在人类历史上也起到了非同一般的作用，芯片更是渗透到我们日常生活的方方面面。

芯片的作用

打开手机，好几块芯片在同时工作。正是因为手机的"芯"，我们才能够打电话，播放音乐，拍照，定位导航，定闹钟，用手机手电筒照明，用掌上游戏系统娱乐……随着芯片的进步，未来的智能手机将更**智能**，我们的生活也将更**"智慧"**。

手机的屏幕如何可折叠？

科技的发展让手机功能也越来越多，甚至出现了"可以折叠"的手机。**可折叠手机**就像"变形金刚"，屏幕合起来仍是传统手机的大小，方便携带，打开则变成了一个平板电脑，更兼具娱乐和办公的功能，迎合了当下消费者追求便携和功能多样统一的需求。

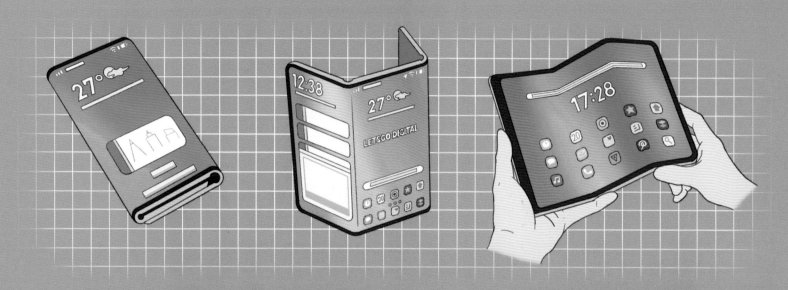

折叠手机的实现离不开柔性 OLED，即**柔性屏幕**。因其对工艺的特殊要求，采用**塑料**作为材料，则显示屏的质量更轻、耐磨性更强、弯折性更好。柔性屏幕并未选用传统的玻璃材质，其原因在于，塑料材质的柔性屏幕在安装过程中可通过薄膜封装技术在其反面加装保护膜，使屏幕能够承受更高的弯折作用而不发生断裂，显然玻璃材质是难以满足弯折需求的。

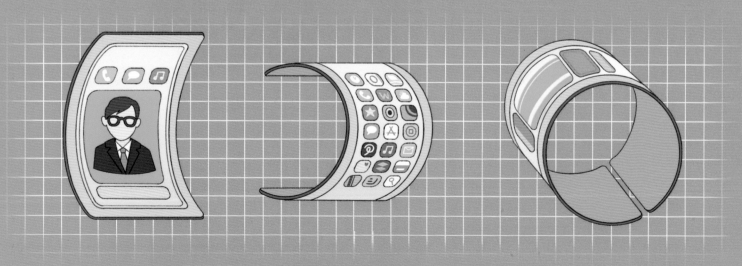

电池也可以折叠吗？

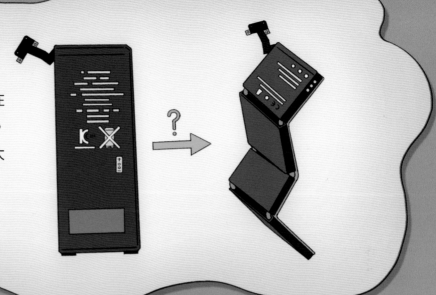

有了可折叠的手机以后，科学家们又在想，能不能拥有一块**可折叠的电池**？因为这样就能够为手机的内部组件留下更大的空间。

事实上，可折叠的电池已经在被开发的过程中，并且已经有公司申请了专利。专利显示，可折叠电池组由两部分组成，其中每一部分放置在各自的外壳中。在中间部位，电池能**弯曲 180 度**，这样就可以绕着铰链放置。此外，还可以通过堆叠多个电池单元，交替使用正负电极基板。在叠层结构中，聚结层已被移除，让电池更加灵活，易于与外壳一起弯曲。电池通过由柔性材料制成的导电电缆或在可弯曲区域应用混合层进行连接。

或许在不久的将来，我们就可以拥有一部装着**可折叠电池的可折叠手机**。

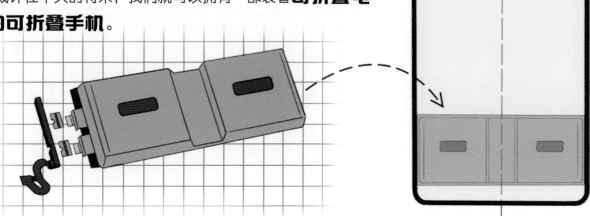

为什么手机能打电话？

电话的秘密

手机之所以能够打电话，是由于它背后有一个庞大的系统在支持着它。这还需要从地面上的**基站**说起。地面上的基站接收从太空来的卫星信号，而我们手机上接收的则是地面基站的信号。基站分布在各个地方。和固定电话的通信是在基站那里和电话交换机连接的，所以我们可以打电话，而手机使用的频率可以传送语音模拟信号。

1G 至 5G 手机通信的发展历史

此外，手机发展到现在，已经用到第五代通信协议了，也就是我们生活中听到的"5G"。回顾一下移动通信的发展历程：**1G 时代**，手机俗称"大哥大"，应用的是模拟信号；录音带，是用波形去记忆和传输我们的声音。

2G

1995 年，进入 **2G 时代**，2G 技术与 1G 技术最大的区别在于将声音用数据的形式进行传输，大大提高了抗干扰能力。1G 电话经常会串线，并且发生"刺啦刺啦"的噪声，但 2G 时代已经能非常准确和清晰地进行语音通话，同时 2G 具有短消息这样的基本语音服务。

2000 年，我们进入 **3G 时代**，即"第一代数据服务时代"，也称为"互联网革命时代"，即在移动通信中能高速获得数据，而不是需要通过沉重的台式计算机。从 3G 到 4G 时代，速度产生了第二次跃升，把智能手机变成了能打电话的计算机。

从 2010 年到今天，我们一直都处于 **4G 时代**。4G 的移动网络速度比 3G 快了 50 倍不止，也催生了移动互联网从视频直播到网游、手游百花争艳的新业态。

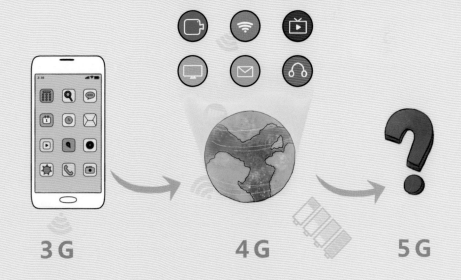

3G   **4G**   **5G**

而进入 **5G 时代**，面对新的技术创新和革命，可能实现无人驾驶，可能实现**万物互联**，在我们生活中的每一个地方都能进行数据通信和传输，在海量的数据里能够收敛出更多的人工智能模型，5G 的发展潜能也让许多人充满期待。

第一部手机是谁发明的？

如果追溯历史我们会发现，手机这个概念早在20世纪30年代就出现了。**1930年**，**贝尔实验室**造出了第一部所谓的移动通信电话。但是，由于体积太大，研究人员只能把它放在实验室的架子上，慢慢人们就把它淡忘了。

1973年 4月，美国著名的摩托罗拉公司工程技术员**马丁·库帕**发明了世界上第一部推向民用的手机。当库帕打出世界上第一通移动电话时，他可以使用任意的电磁频段。

1985年，第一台现代意义上的可以商用的移动电话诞生。它将电源和天线放置在一个盒子里，质量达3千克。与现代形状接近的手机则诞生于**1987年**。其质量仍有大约750克，与如今仅重60克的手机相比，像一块大砖头。

移动电话 1985 年

手机 1987 年

过去的人们如何传递信息？

中国最早关于通信的记载是来自殷墟出土的**甲骨文**。甲骨文中记载着殷商盘庚年代（公元前1400年左右），边关向天子报告军情的记述有"来鼓"二字，这就是最早的通信工具——"甲骨"。

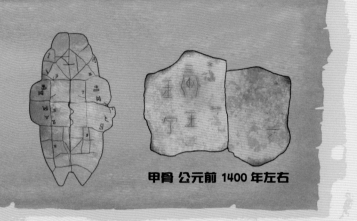

甲骨 公元前 1400 年左右

驿站 汉朝

此外，周朝的古人们发明了**烽火台**来实现信息传递。烽火台，就是点燃烟火传递信息的高台，主要用于边关报急，白天施烟，夜晚点火。

再后来，人们开始使用**书信**传递信息。书信传递需要依靠**驿站**，至汉朝每30里置驿，由太尉执掌。唐朝邮驿设遍全国，分为陆驿、水驿及水陆兼办三种。

1635 年英国规定国家专营邮政，同时出现**邮筒**。中国最早的邮局不是设在大陆，而是在台湾岛上。1888 年经清政府批准，台湾巡抚刘铭传正式宣布在台湾成立邮政总局。清政府则在 1896 年正式开办"大清邮政"。这时的邮政已经不同于旧时的驿站，统一的邮路网络初具规模，成为公众化的近代邮政企业。

邮政总局 清朝

数据怎么变成了生产力？

生产力是人类征服和改造自然的客观物质力量，是一个时代发展水平的集中体现。从狩猎时代到农业时代，人类也经历了从打猎向耕种的跳跃式革命。200多年前，蒸汽机代替了牛、马的动力，英国的**工业革命**开启工业化之路。在此之后，电力的出现带动了**电气化革命**。

在这个过程中，伴随着生产力的不断变化，新生产工具、新劳动主体、新生产要素不断涌现，人类才能够逐渐认识世界并且改造世界，我们的文明才能够发展。

数字时代的生产力

当我们进入数字时代时，**每一天都会生产出大量的数据**。根据预测，2025年，我们生产的数据将增长到175ZB（1ZB约等于$1.1×10^{12}$GB）。如果把这些数据全都储存在蓝光光盘上，摞起来的高度，足够从地球到月球往返11.5次。

数据研究报告

531 3.060 8.937 531 3.060 8.937
264 7.817 3.798 264 7.817 3.798
754 8.261 3.766 754 8.261 3.766
194 6.593 6.419 194 6.593 6.419
534 8.445 3.741 534 8.445 3.741
318 3.937 5.726 318 3.937 5.726
992 7.247 4.044 992 7.247 4.044
688 5.886 6.280 688 5.886 6.280
817 6.797 3.210 817 6.797 3.210
967 8.620 4.546 967 8.620 4.546

每个人都是数据的生产者

另一方面，智能工具大规模普及，我们每个人都拥有许多**电子设备**，无论是智能手机还是平板电脑，还有其他更多。我们认识世界和改造世界的能力和水平都比我们的祖先高出了太多，可以说是站到了一个新的历史高度。不仅大量繁重的体力劳动被机器替代，数据生产力更是替代了大量重复性的脑力工作，于是，我们可以用更少的劳动时间，创造更多的物质财富。

在这样的背景下，数据渗入了我们生活的方方面面，包括生产制造、零售、交通、能源、教育、医疗、政府管理、公共事务，等等。以制造业为例，数字化推动了大规模的柔性、定制化、分散化生产，缩短了研发生产周期，降低了生产成本，增强了决策支撑能力，对于我们社会的经济发展具有重要作用。

于是，**数据也理所当然地成了我们现在时代的生产力。**

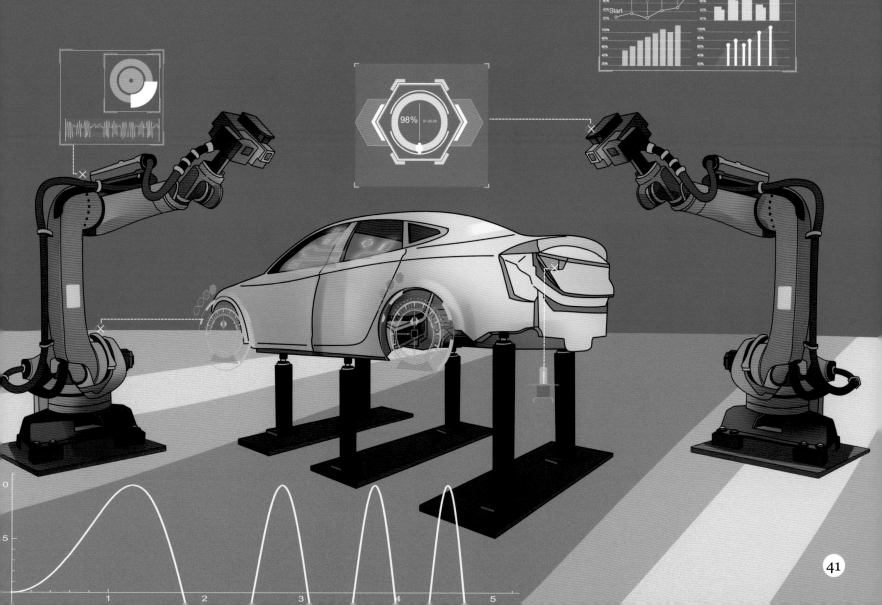

大数据背后有什么？

大量的数据能够分析出我们的喜好，所以我们在使用手机时会被推荐自己喜欢的歌曲、想要看的视频；我们打开购物应用时，程序的推荐也是我们心里所期望的商品。而这些智能的应用之所以这么"聪明"，都**离不开大数据背后的工具，那就是算法**。

算法就是为解决特定问题而对一定数据进行**分析**、**计算**和**求解**的操作程序。算法，最初仅用来分析简单的、范围较小的问题。输入输出、通用性、可行性、确定性和有穷性等是算法的基本特征。算法存在的前提就是数据信息。算法能够对获取的数据信息进行处理和改造，在处理后产生新的数据和信息。

什么是"数字人"？

当我们进入**大数据时代**，在数字化生存下，不管是"社会人"还是"经济人"，都首先是"数字人"。这是因为，现实空间的我们被数据所记载、所表达、所模拟、所处理、所预测，于是我们成为了"数字人"。

2015年，每人每天的数据交互行为是218次，预计到2025年，这一数据将飙升到每人每天4785次。这些数据来自于每个人每天的日常行为：查天气，查地图导航，上网购物，社交媒体的聊天，刷微信朋友圈、转发、点赞等。可以说，在看不见的地方，**我们已经被数字洪流包围了**。

什么是"云"计算?

互联网时代下,"云 +"不断被人们提及,出现的频率也越来越高,从云办公到云教育,**"万事皆可云"**。那么,什么是云计算?云计算又是如何诞生的?

智能时代的产物

这还要从我们正在经历的技术革命开始说起。人类文明诞生到现在,人类一共经历了四次工业革命。第一次工业革命以**蒸汽机**的发明为标志,以机械化

第二次工业革命　　　　　　　第三次工业革命　　　　　　　第四次工业革命

为特征,人类从此进入蒸汽时代;第二次工业革命以**电和内燃机**的发明为标志,以电气化为特征,人类从此进入电气时代;第三次工业革命以**计算机**的发明为标志,以信息化为特征,人类从此进入信息时代。

正在进行的第四次工业革命则以工业智能化、互联网产业化、全面云化、大数据应用化为标志,以智能化、自动化为特征,人类将进入**智能时代**。而云计算就是这一轮工业革命中应运而生的概念。

云计算机的诞生

由于越来越多的人开始接触网络，使用**网络**，因此服务器就受到了挑战，于是，人们开发了更好也更多的服务器。但是，更好也更多的服务器效果并不好，过度繁杂的结构加大了网站设计和构架的难度，而且越是复杂的系统越是不稳定。

考虑到系统的崩溃情况，需要引入一个**更优良的方案**来保证不同的服务器可以做不同的支援。这是一个无解的循环，大量的计算资源被浪费在无限制的互相纠缠中，很快到了瓶颈。于是人们想到了一个好办法：把所有计算资源集结起来看成一个整体，通过并发使用资源完成操作请求。这就是关于"云计算"最初的设想，而这一设想也推动了"云计算"的诞生。

简单来说，云计算就是把跟互联网关联的有形的和无形的资源**串联起来形成一个平台**，这样我们就可以按照规则在上面做自己想做的事情。文档、电邮和其他数据将会被在线储存，也就是"**储存在云上**"。

云计算的背后有什么？

云计算包括基础设施、平台和软件，IaaS、SaaS 和 PaaS 就是云计算的三种服务。**基础设施服务**包括处理 CPU、内存、存储、网络和其他基本的计算资源，为我们提供虚拟化环境，包括计算和存储功能，具备数据存储服务、同步服务、管理服务和备份服务等功能。**软件服务**能帮助我们实现在各种设备上通过客户端进行界面访问，比如浏览器。**平台服务**更多地为企业提供定制化研发的中间件平台，同时涵盖数据库和应用服务器等。

基础设施、平台和软件所提供的服务就像一顿饭菜的制作，基础设施的服务是我们做菜前要准备的食材，软件服务则帮我们烧好了一桌的饭菜，平台服务就成了一锅汤的汤底，而具体要下什么菜就是我们每个人的选择。

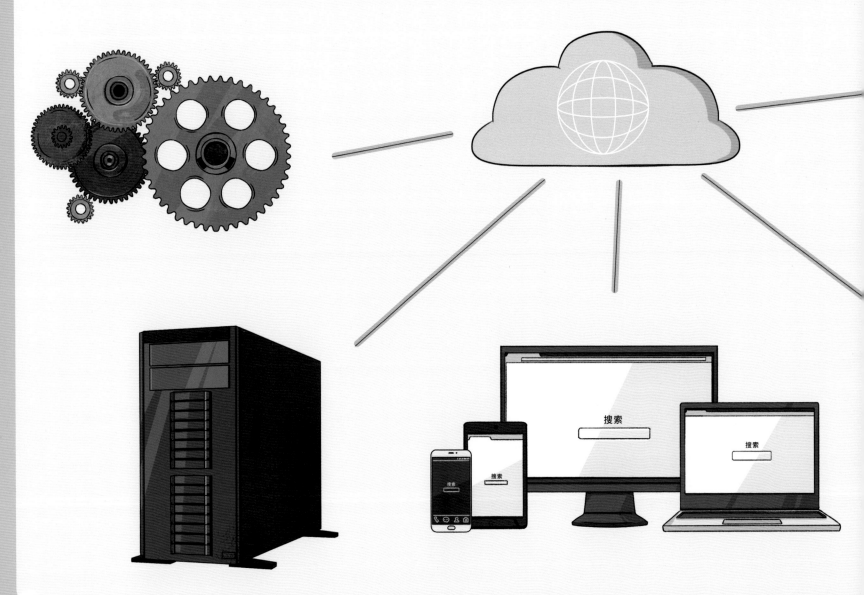

在"云"上交朋友

"云"生活也有着我们现实生活的一切元素，包括**交朋友**。在我们的现实世界里，根据长期共居地点和生活经历而认识交往的朋友是一个关系变化较小的空间，我们交往的对象多是生活中的熟人，这些人在数量和类型上变化很少。

而在"云"世界里，人与人的联系打破了**时空的限制**，沟通不再拘泥于传统的人际交流形式。我们可以**随时在线**，又不受空间的限制，聊天、发布动态、点赞、转发新闻、评价别人都可随时展开。形形色色的人都集中在这里，包括家人好友、工作伙伴、从未谋面但彼此知晓的人、完全的陌生人等，"云"让我们能够如此轻松地和朋友联系，并且可以认识和交往更多的朋友。

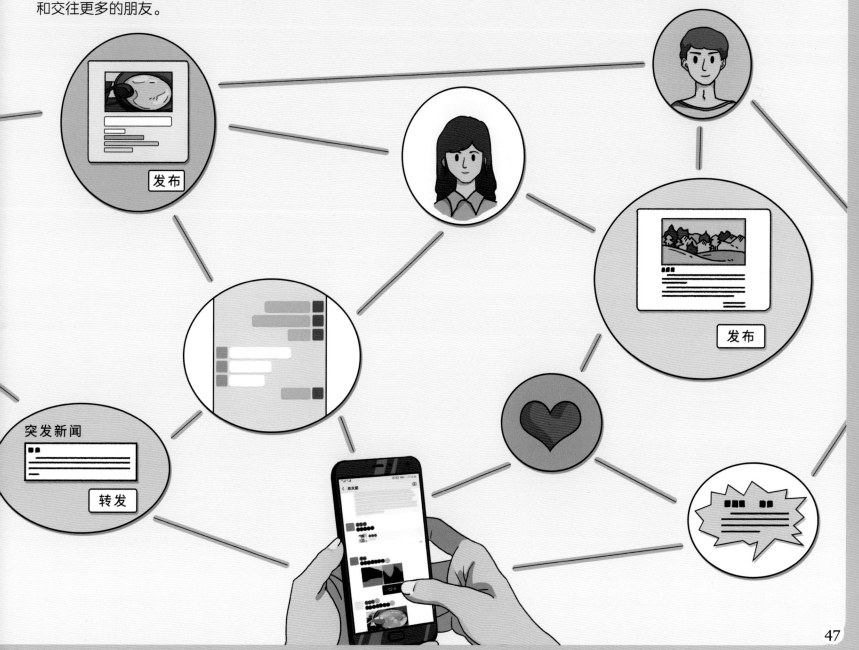

我们手里的玩具也可以被打印吗？

我们可以把文件打印出纸质稿，也可以把手机或者相机里的照片打印出来做成相册，可是怎么样才能把手里的玩具也打印出来呢？要想把手里的玩具打印出来，我们就不能用打印文件或者照片的打印机了，而是要用一种叫"3D 打印机"的工具来打印我们的玩具。

打印机

口袋照片打印机

2D 打印

因为无论是文件还是照片，它们都是平面的，也就是二维的，所以打印文件或照片的打印机，我们称为 2D 打印机。2D 打印机有激光打印机、喷墨打印机、针式打印机、热敏打印机、碳带打印机等。

3D 打印

除了 2D 打印机，我们想要打印的手里的玩具却是**立体**的，是**三维**的，是**空间**的，于是，我们就要用到比 2D 打印多一个维度的 3D 打印机。3D 打印的神奇之处就在于 3D 打印可以**借助数字化软件进行设计与控制**，然后打印出复杂的形状，而这些复杂的形状用我们日常的一些技术加工制作起来比较困难。

3D 打印机的兴起

1986 年，美国科学家查尔斯·胡尔（Charles Hull）开发了世界上**第一台商业 3D 印刷机**；1993 年，麻省理工学院获 3D 印刷技术专利；1995 年，美国 ZCorp 公司从麻省理工学院获得唯一授权并开始开发 3D 打印机。

3D 打印机的心脏

之后 3D 打印技术不断地进步，到了 2019 年 4 月 15 日，以色列特拉维夫大学的研究人员以病人自身的组织为原材料，3D 打印出全球首颗拥有细胞、血管、心室和心房的"完整"心脏，这是全球**首例 3D 打印心脏**。

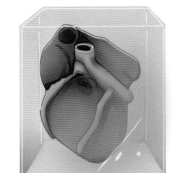

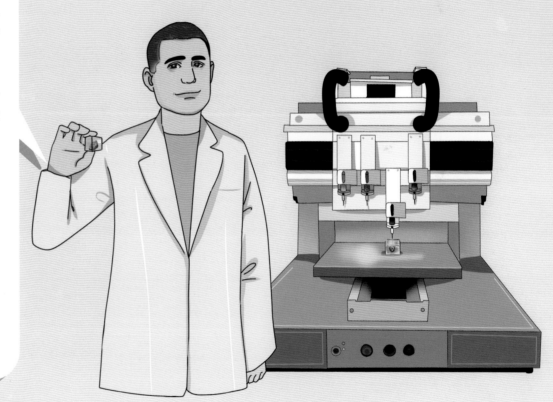

未来的打印技术

目前 3D 打印技术已经在珠宝、鞋类、工业设计、建筑、工程和施工（AEC）、汽车，航空航天、牙科和医疗产业、教育、地理信息系统、食品、军工以及其他领域应用。3D 打印机也让我们更具有想象力，未来将有更多的 3D 打印产品出现在我们的生活中。

怎样打印一架玩具飞机？

既然知道手里的玩具可以被打印，那具体怎么做我们才能打印出一架玩具飞机呢？我们该如何使用我们的3D打印机呢？

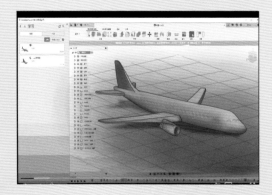

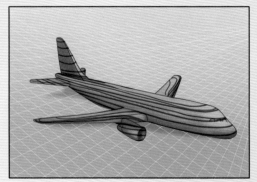

3D打印不同于2D打印，2D打印只需要在计算机上操作简单步骤即可。而3D打印的第一步，需要**建立一个模型**。比如，我们想打印一架玩具飞机，那么我们就需要有玩具飞机的3D打印模型。

第二步，就是**切片处理**。什么是切片呢？切片实际上就是把你的3D模型切成一片一片，设计好打印的路径，并将切片后的文件储存成一种3D打印机能直接读取并使用的文件格式。它的作用是和3D打印机通信。

第三步，我们需要**启动3D打印机**，通过一系列操作，材料会一层一层地打印出来，层与层之间通过特殊的胶水进行粘合，最后一层一层叠加起来，就像盖房子一样，完成我们的玩具飞机。

当然，在3D打印机完成工作后，我们取出玩具飞机时，玩具飞机还不是最终成品，还需要做**后期的处理**。

那些我们应该知道的印刷技术

从木刻到喷墨，人类的印刷技术已经走过了 1100 多年的演进历程。公元 868 年，已知的世界上第一本印刷书籍问世，它就是出土于敦煌莫高窟藏经洞的《**金刚经**》。这卷金刚经由 7 张纸粘合而成，是世界上最早的木版印刷品。

公元 868 年

《金刚经》

公元 1041—1048 年，在我国，诞生了古代四大发明之一，那就是**活字印刷**。1796 年，捷克裔剧作家阿洛瓦·塞内费尔德利用水油相拒原理，发明了**平版印刷**，后来的胶印技术也是从此而来的。

公元 1041—1048 年

活字印刷

而**油印机印刷**是由托马斯·爱迪生在 1876 年发明的。这种技术将一张模板纸放在含有细槽的钢板上，然后使用有钢尖的手写笔在纸上书写，并在其上打一些小孔以形成文本模板，再根据需要对该模板进行上墨复制。

1876 年

托马斯·爱迪生

再后来，就是 1938 年的**静电印刷**、1969 年的**激光打印**、1978 年的**点阵打印**和 1977 年的**喷墨打印**。人类的印刷技术有着千年的历史，而未来的打印还将带给我们更多可能。

1969 年
激光打印

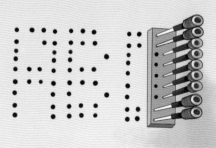

1978 年
点阵打印

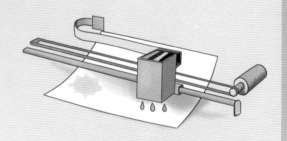

1977 年
喷墨打印

比"3D"多"1D"的"4D"打印是怎么回事？

我们已经了解了 2D 打印和 3D 打印，也就是平面打印和立体打印，那比 3D 打印又多了 1D 的 4D 打印，又是什么打印呢？它和 3D 打印有什么区别吗？

人类的出现

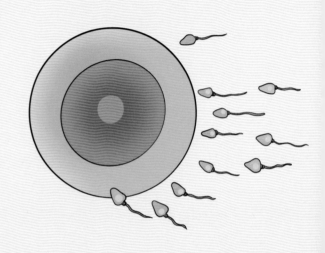

在揭开 4D 打印的秘密以前，我们先了解一个神话小故事：

很久很久以前，有一个叫亚当的男人和一个叫夏娃的女人，他们虽然不懂设计，却携手创造了人类，也就是我们。

在整个过程中，男人的精子和女人的卵子搭配、组合，形成一个全新的细胞，而那里面便是组成人之所以为人的原材料——**23 对染色体**。每条染色体上都带有一定数量的设计因子，我们称它为"**基因**"，它支持着人类生命的基本构造和性能；储存着每一个人的种族、血型及孕育、生长、凋亡过程的全部信息。

于是，在材料准备充分之后，第一个人便被"打印"了出来，而这个打印的载体便是人类之母——夏娃。从那以后，人便开始在时间维度的延伸下，在万物环境的"催化"中，出生、成长、老去、死亡；并且进一步演绎着生命的繁衍、细胞分裂和蛋白质合成等重要的生理过程，周而复始。

4D 打印的概念

上面的小故事，便寓意着我们对 4D 打印的通俗理解：我们的每一条染色体所蕴藏的**基因密码**，便是我们这个物体最原始的设计程序编码；而我们这一生的成长过程，也就是人类这个 4D 打印物在时间这个第四维度，基于万物环境的"催化"而发生的组织变化。

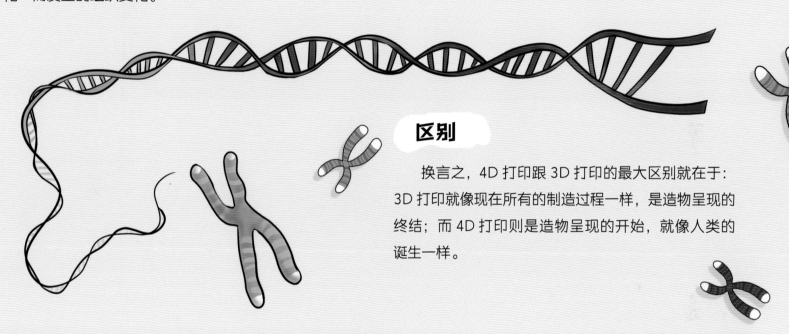

区别

换言之，4D 打印跟 3D 打印的最大区别就在于：3D 打印就像现在所有的制造过程一样，是造物呈现的终结；而 4D 打印则是造物呈现的开始，就像人类的诞生一样。

事实上，4D 打印比 3D 打印多了一个"D"，就是指**时间**。在 4D 打印里，人们可以通过软件**设定模型和时间**，变形材料会在设定的时间内变形为所需的形状。也就是说，3D 打印技术打印出来的东西是一个在三维空间里有着固定形态的物品。除了使用过程中的自然磨损之外，它的形态是固定不变的。**而 4D 打印是会变化的，它可以根据我们预先设定的模型程序，在时间的维度里面发生变化。**

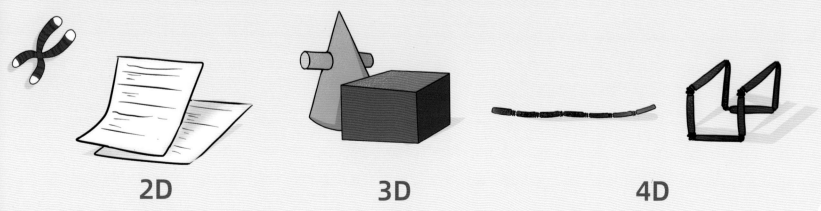

2D　　　　　**3D**　　　　　**4D**

拥有时间维度的 4D 打印是怎么做到的呢？

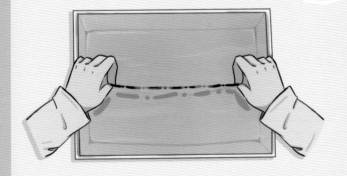

2013 年 2 月 26 日，在美国加州长滩举行的 TED2013 大会上，麻省理工学院建筑部讲师**斯凯拉·蒂比茨**将一种新颖的材料组合用于 3D 打印机，制造出了一种线状物体。该物体被放入水中时，能改变形状组成字母"MIT"。这就是通过将吸水聚合材料与碱性塑料相结合来实现 4D 打印。

打印的过程中，有个极其关键的技术，就是加入**触发信息**。触发信息就是在模型设计的过程中，需要赋予材料的一种触发介质。这种触发介质可以是水、声音或其他东西。

而斯凯拉·蒂比茨就是用水触发了 4D 材料。于是，这块材料接下来会按照预先设定的模型**自动变形**，最终成为设定的形状。

这是不是和美国的科幻片《变形金刚》有点儿像呢？事实上，从 4D 打印自组装、自变形的技术层面，我们可以这样去理解。但是，4D 打印与《变形金刚》之间还是有着本质的区别的，那就是，4D 打印不需要借助任何外来的电源、电机等能源驱动，**而是直接借助于材料本身**的记忆发生变化。

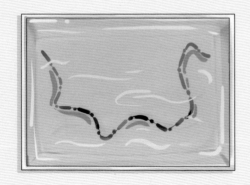

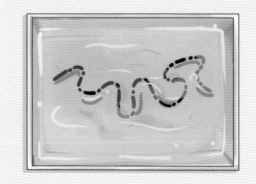

如果我们拥有了 4D 打印，我们可以做什么？

4D 打印是一个被人们寄予了**想象**的技术，如果我们拥有了 4D 打印技术，受益最大的可能是我们的医疗技术。

尽管现代医学已经有了非常大的进步，现代人的寿命也比以前的人要长许多，但我们依旧会碰上许多棘手的疾病，连现代的医疗技术都没法治愈的疾病。如果我们拥有了 4D 打印技术，我们将轻松解决许多医疗问题。

比如，在纳米技术的支持下，4D 打印的**非治疗型纳米机器人**可以承担起人体卫士的角色。4D 打印的人体细胞注射到人体内，遇上人体细胞含有指定的**触发源**（这个触发源就是我们身体所需要清理的对象），它就在我们身体内承担起了人体防御系统的构建。它可以及时对我们血管内的残留垃圾进行清扫。清扫出来的废物，会随着新陈代谢排出体外。更为重要的是它可以及时发现有癌变潜质的细胞，并且在第一时间发出预警，或者直接释放某一种药物，将这个细胞扼杀在摇篮里，以保障我们的免疫系统处于**相对稳定、和谐**的状态。

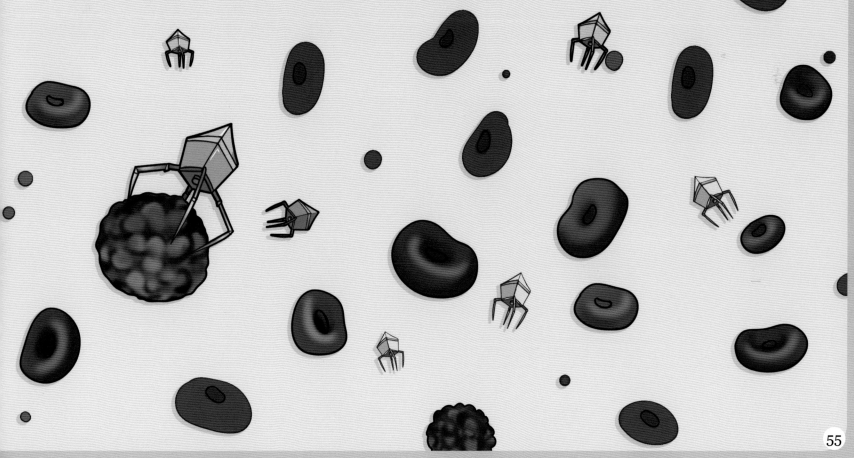

没有司机的车如何到达目的地？

没有司机的车，其实就是已经出现了的自动驾驶汽车，也叫**无人驾驶汽车**。

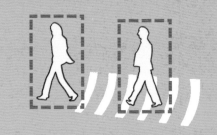

时间重回 1925 年 8 月，人类历史上第一辆无人驾驶汽车正式亮相。这辆名为美国奇迹的汽车驾驶座上确实没有人，方向盘、离合器、制动器等部件也是"随机应变"的。

而在车后，工程师弗朗西斯·P.霍迪尼坐在另一辆车上靠发射无线电波操控前车。他们穿过纽约拥挤的交通，从百老汇一直开到第五大道。这场几乎可以被看作是**"超大型遥控"的实验**，带着对无人驾驶车机械化的理解，今天依旧不被业界普遍承认。

1939 年，摩天大楼开始在美国的土地上不断出现。"大萧条"后逐渐恢复信心的人们怀揣着对未来的美好愿景。在这一年的纽约世界博览会上，通用汽车搭建的未来世界展馆前排起了长龙，人群争相涌入，希望一探"未来"的模样。

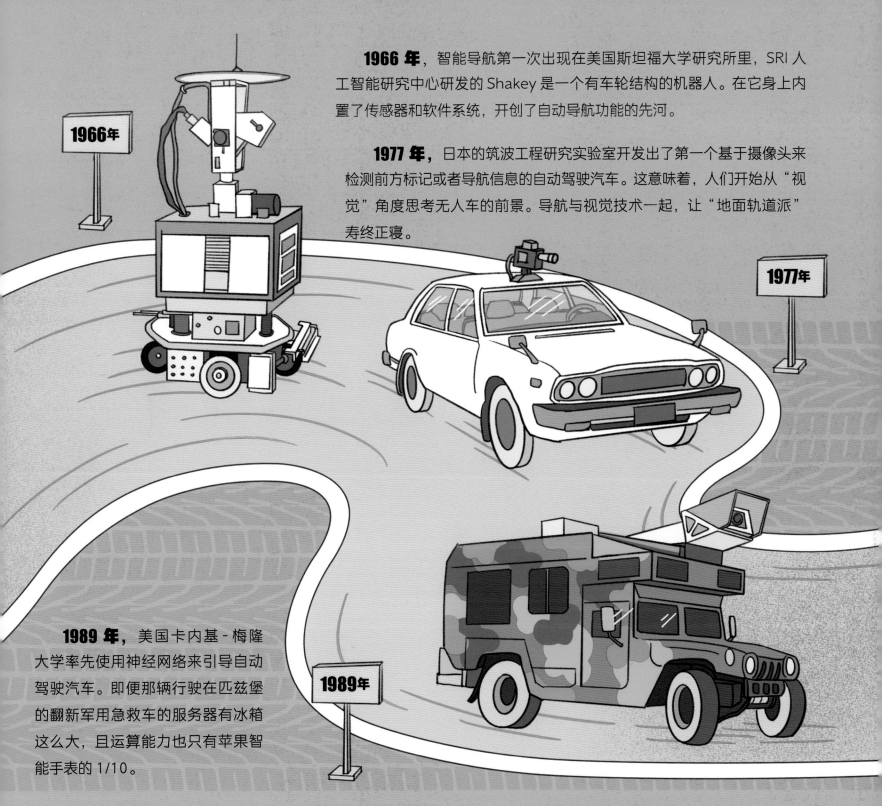

1966 年，智能导航第一次出现在美国斯坦福大学研究所里，SRI 人工智能研究中心研发的 Shakey 是一个有车轮结构的机器人。在它身上内置了传感器和软件系统，开创了自动导航功能的先河。

1977 年，日本的筑波工程研究实验室开发出了第一个基于摄像头来检测前方标记或者导航信息的自动驾驶汽车。这意味着，人们开始从"视觉"角度思考无人车的前景。导航与视觉技术一起，让"地面轨道派"寿终正寝。

1966年

1977年

1989 年，美国卡内基-梅隆大学率先使用神经网络来引导自动驾驶汽车。即便那辆行驶在匹兹堡的翻新军用急救车的服务器有冰箱这么大，且运算能力也只有苹果智能手表的 1/10。

1989年

但从原理上来看，这项技术和今天无人车控制策略一脉相承。技术的不断发展才终于有了我们现在的无人驾驶汽车，其实无人驾驶汽车，并不是没有司机，只是用**机器**代替了我们的人类司机，来指挥和控制汽车。所以才像我们坐的车一样，能够顺利到达目的地。

为什么我们能实现无人驾驶？

事实上，无人驾驶的实现，离不开**动机**和**技术**这两个关键因素。

动机问题也就是需求问题。随着市场对汽车安全和智能化的要求越来越高，越来越多的企业与科研机构也参与到这个领域。而无人驾驶的技术问题也随着5G 通信技术的到来而变得可以解决。简单来说，无人驾驶汽车的操作原理，就是在汽车外壳上放置大量的**传感器**，比如短距离雷达、红外探测器和摄像头等。但 4G 移动网络的传输速率并不足以支撑无人驾驶车载系统在汽车高速行驶的情况下，及时处理传感器捕捉到的路况信息，从而引发事故。

而 5G 通信技术引入网络切片、移动边缘计算两大新技术，5G 网络提供了**更高的传输速率、精准低时延控制**和**精准定位**，可以大大提高无人驾驶技术的信息收集回传效率，这降低了车载系统的计算复杂度，并有效解决了车车、车路协同问题。

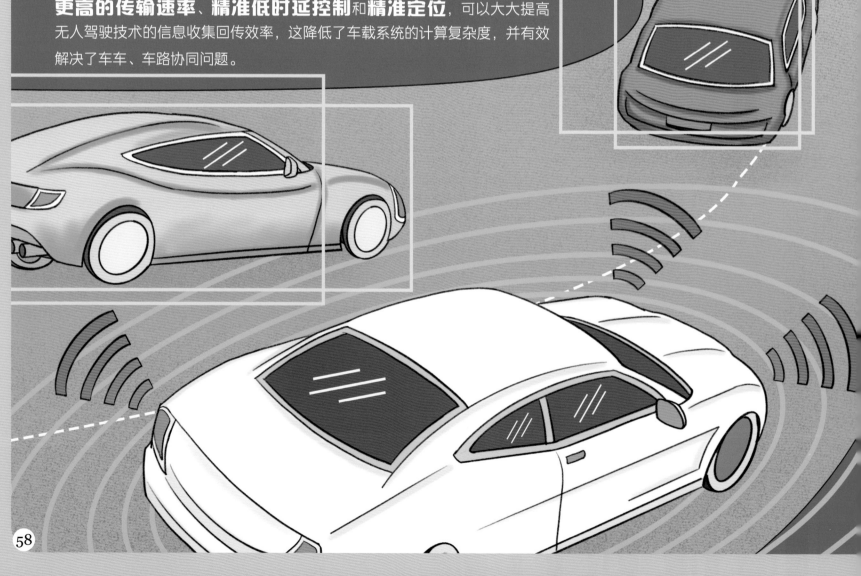

汽车被发明以前，人们都用什么来出行？

在很早以前，人类还没有"交通工具"，那时，人们主要是靠**步行**来相互走访联系的。所以，那时候的科技、文化、经济等都很不发达。毕竟相对距离较远的两地无法很好地沟通，人们不能相互交流融合，社会发展也极其缓慢。

后来，在人们的智力水平有了显著提高后，有了马车等畜力交通工具，也算是交通工具的一个"巨大"的飞跃了。当我们来到了所谓的"**半机械时代**"，开始出现**自行车**这种实用的工具，只不过它没有现代自行车这样坚固好骑。而后，汽车、飞机应运而生，成为现代社会交通工具的主流，直到现在我们的出行都在大量使用着这些交通工具。

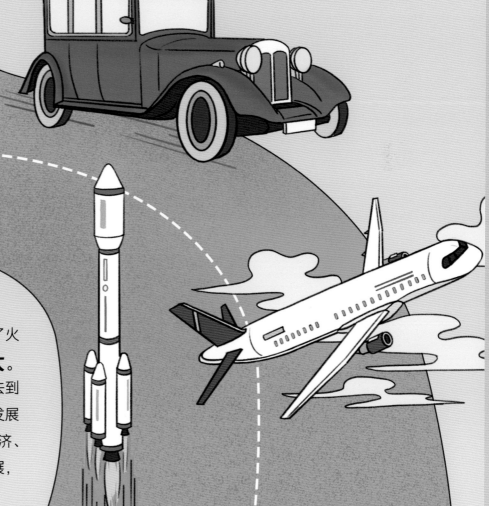

当然，技术的进步使人类还发明了火箭，人类活动的空间也在**逐步扩大**。在未来，我们也许能够通过这些工具去到更远的太空。总而言之，交通工具的发展见证了人类社会的进步，促进了世界经济、政治、文化及科技等领域的交流与发展，进而促进整个人类社会的繁荣进步。

不用汽油的汽车

汽车的利与弊

汽车工业在最近几十年中突飞猛进地发展，提高了人们的生活水平，同时也带来许多问题，例如**能源危机、环境污染**，汽车工业所带来的负面效应也越来越引起人们的关注。于是，更加节能并环保的**绿色新能源电动汽车**也受到了更多人的关注。

简单来说，电动汽车就是指以**电能**作为全部或部分动力的汽车，如单纯用蓄电池驱动的纯电动汽车、以蓄电池和其他能源（燃油、太阳能等）作为动力的混合电动汽车，以及借助燃料电池驱动的燃料电池汽车等。

汽车的发明

1859 年，法国物理学家加斯东·普兰特发明了铅酸蓄电池；1881 年，另一位法国科学家卡米尔·阿方斯·富尔改进了电池的设计。电池的发明与改进直接或间接地影响之后的方方面面。随后不久，电动"车"应运而生。

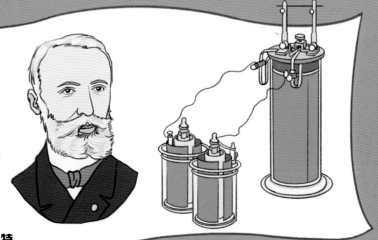

加斯东·普兰特

1867 年巴黎世界博览会上，奥地利发明家弗朗茨·克拉沃格尔向人们展示了一辆两轮电动车。但当时它不被承认是一辆"车"，因而人们不能将其开上路。

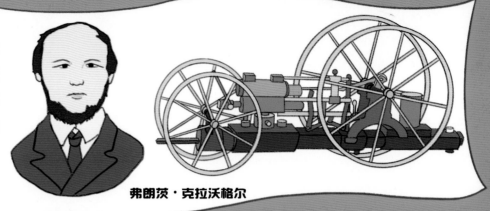

弗朗茨·克拉沃格尔

而后 1881 年 4 月，法国发明家居斯塔夫·特鲁维在巴黎制造并测试了一辆带有三个轮子的电动"车"。由此，电动车的雏形诞生。

居斯塔夫·特鲁维

1884 年，英国发明家托马斯·帕克改进并重新设计了电池，使电池容量更大，还可以再充电。随后他在伦敦制造了第一辆可规模化生产的电动汽车。这比 1886 年卡尔·本兹发明三轮燃油汽车还早 2 年。

托马斯·帕克

随处可见的电动汽车

现在，中国已是全球最大的电动汽车市场，我们的生活中也随处可见绿色车牌的电动车。而车身轻量化、动力清洁化、价格接地化和充换电方式便捷化，将是未来全球电动汽车的**发展趋势**。

电动飞机有什么优点？

电动飞机使用**电动力推进系统**代替内燃机动力，从而具有很多优点和独特品质。最突出的优点是节能环保，效率高，能耗低，同时实现接近零排放，噪声和振动水平很低，乘坐舒适性好，是名符其实的**环境友好飞机**。

此外，电动飞机还具有安全可靠（不会发生爆炸和燃料泄漏）、结构简单、操作使用简便、维修方便 / 费用低、经济性好等特点，在设计上也有很多优势：总体布局灵活，可采用最佳布局和非常规 / 创新布局；可设计出具有超常性能的飞机，满足特殊用途需求等。

谁发现了电？

事实上，电是一直存在的，比如说**闪电**、**静电**，所以我们不能说"电是谁发明的"，而应该说"电是谁发现的"。最早提出电这个概念的是公元前五六百年的古希腊哲学家泰勒斯。

公元前 600 年左右，泰勒斯发现挂在脖颈上的琥珀项链在人走路的时候会与衣服产生摩擦，从而吸引灰尘、绒毛等细小物体。于是，他就将这种不可理解的力量叫作"**电**"。

而后越来越多的人开始研究电。直到 1752 年，富兰克林做了风筝实验，而后发明了避雷针。1821 年，法拉第发明电动机，这是今天世界上使用的所有电动机的鼻祖。1831 年，法拉第发现电磁感应，制造出世界上第一台能产生连续电流的发电机。

泰勒斯

上海东方明珠塔的避雷针系统，可以将电流引至地下。

富兰克林

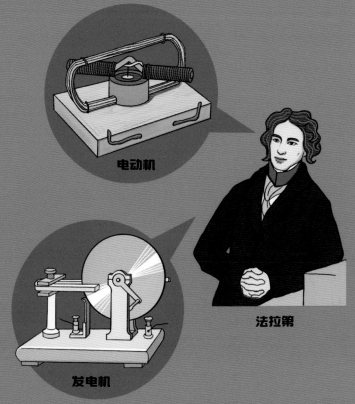

电动机

发电机

法拉第

没有人的飞机

不载人的飞机也被称为无人机，是飞行器的一种。不像火箭、航天飞机和卫星等飞行器，无人机通过无线电遥控设备或机载计算机程控系统进行操控，结构简单、使用成本低，不但能完成有人驾驶飞机执行的任务，更适用于有人飞机不宜执行的任务。

无人机的起源

无人机最早出现在 20 世纪 20 年代。1914 年，第一次世界大战正进行得如火如荼。英国为了提高作战能力，提出了"不用人驾驶，就可以投放武器"的设想，很快**第一代无人机**问世了。

快递无人机

尽管无人机在开发的设想里是为了满足军事使用的目的，并且在很长的一段时间里，都更多地用于战争，但无人机的发展却不止于此。21 世纪初，由于原来的无人机个头较大，目标明显且不易于携带，迷你无人机被研制出来，其机型更加小巧，性能更加稳定，一个背包就可搞定。同时无人机优秀的技能，催发了**民用无人机**的诞生。

快递无人机

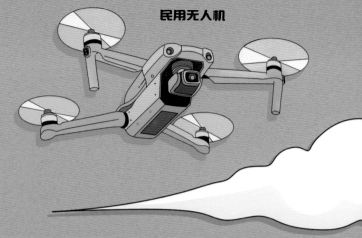

民用无人机

2006 年，影响世界民用无人机格局的**大疆公司**成立；2014 年，一款用于自拍的**无人机 Zano** 诞生；2015 年，上线了第一个无人机在线社区飞兽社区；2016 年，无人机作为消费电子类的热门产品，迅速点燃了整个消费市场，大疆的名字一时间家喻户晓。

事实上，无人机用途极其广泛，可以用传感器代替人类的五感，依据操作者的意愿上天入地。民用无人机要比军用无人机更加**无孔不入**，其应用已经渗透到公共秩序、媒体、农业、工业、运输等众多领域，以其操作简单、价格低廉的优势备受青睐。

无人机给人们的生活带来了**便利**。现在，在航拍、农业、植保、微型自拍、快递运输、灾难救援、观察野生动物、监控传染病、测绘、新闻报道、电力巡检、救灾、影视拍摄等领域，我们都可以看到无人机的身影。

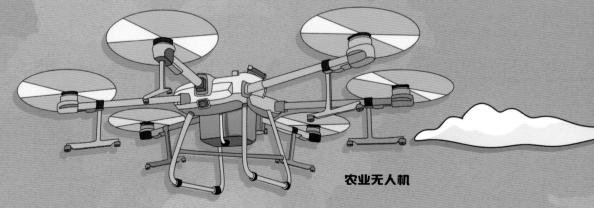

农业无人机

当我们享受着工业带来的便利时，环境污染也在悄然增加。环境保护已经成为人们越来越关注的问题。在环境保护上，无人机又可以做什么呢？

能够保护环境的无人机被称为环保无人机。环保无人机的一个主要作用就是**监测环境污染**。过去，一些污染的发生并不能被及时地发现，而环保无人机就解决了这个问题。

环保无人机既可以**追踪黑烟囱**，也可以**监察秸秆焚烧**。我们国家的环保部近几年就多次使用环保无人机，对钢铁、焦化、电力等重点企业排污、脱硫设施运行进行检查，对污染治理设施运行进行监测。

什么是"无人机蜂群"？

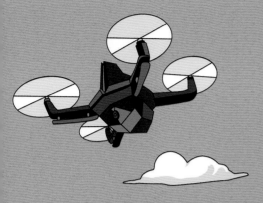

"无人机蜂群"其实是一种作战方法，就是无人机**大规模编组飞行**，也是无人机应用领域中一个重要的探索方向。无人机蜂群最早由美国提出，主要通过**人工智能**与**网络技术**控制大批的低成本无人机，这样便可以根据战术需要，对敌方发动**密集可控**的智能作战。

无人机蜂群作战，分散、智能又灵活，以量取胜。如果蜂群中任何一个个体被摧毁或者功能丧失，蜂群整体任务会进行自动**重新分配**，新的蜂群结构会快速形成，整个蜂群战斗力不会快速减弱。"无人机蜂群"作战是未来一种全新的作战形式，也将逐步改变未来战争的形态。

物理学上曾出现了哪四大神兽？

在物理学的发展道路上曾经出现过"四大神兽"：薛定谔的猫，芝诺龟，拉普拉斯兽，麦克斯韦妖。

薛定谔的猫是说：假如有一只猫被关在一个装有有毒气体的箱子里，而决定有毒气体是否释放的开关则是一个放射性原子，如果放射性原子发生衰变，那么毒气就会释放，这只猫就会被毒死。而这个原子是否衰变是不可知的，我们想要知道这只猫是否死亡，只能打开这个箱子来看。但是在我们没有打开箱子观看时，这只猫就是既死又活的状态。

埃尔温·薛定谔
奥地利物理学家
量子力学奠基者
诺贝尔物理学奖得主

芝诺龟是古希腊数学家和哲学家芝诺提到的一种乌龟，这只乌龟有一个特点，就是你永远无法追上它。假设你的速度是这只乌龟的十倍，那么你只能在追赶时无限地逼近它，但是始终无法超越它。

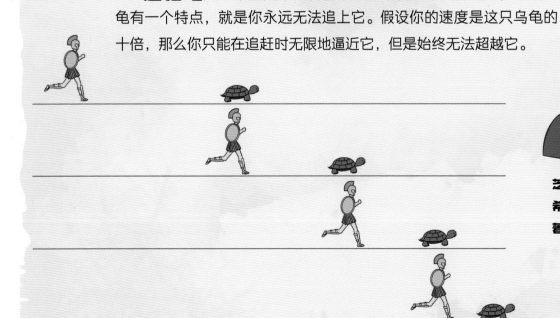

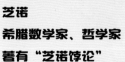

芝诺
希腊数学家、哲学家
著有"芝诺悖论"

拉普拉斯兽是在 1814 年由法国数学家皮埃尔·西蒙·拉普拉斯所构想的神兽。在拉普拉斯的设想中，这只神兽可以清楚地知道这个宇宙中每一个微观粒子的运动数据与运动状态。这时，我们就可以用简

拉普拉斯
法国分析学家、概率论学家、物理学家
主要著作：《天体力学》《宇宙系统论》《概率分析理论》

单基本的牛顿定律去计算所有微观粒子之前与之后的状态。换句话说，这只拉普拉斯兽可以预知未来。

麦克斯韦妖则是 1871 年由电磁学领域的科学家詹姆斯·麦克斯韦提出的，是为了说明违反热力学第二定律的可能性而专门虚构出来的一个妖怪。这只妖怪可以探测和控制单个分子的运动，从而让这些分子对外做功，进而实现第二类永动机。

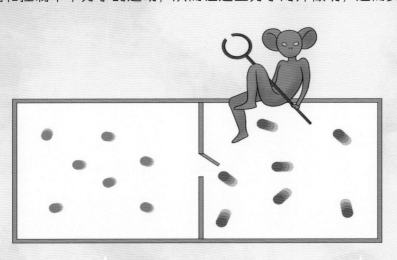

詹姆斯·麦克斯韦
英国物理学家、数学家
统计物理学的奠基人之一
预言了电磁波的存在，提出了光的电磁说

　　但是这个麦克斯韦妖只是一种思想上的假设，现实中是不可能存在不需要消耗能量就能自动对分子进行识别的装置的。

　　芝诺龟、拉普拉斯兽、麦克斯韦妖、薛定谔的猫，分别对应着**微积分、经典力学、热力学第二定律、量子力学**。这四大神兽并不弱于传说中的青龙、白虎、朱雀、玄武，它们既给聪明的科学家带来困扰，也为人类探索世界指明了道路。

薛定谔的猫和量子力学有什么关系呢？

1900 年，普朗克在论文里首次提出了**能量的不连续性**，一脚踢开了**量子力学**的大门。

1905 年，爱因斯坦引进**光量子**（光子）的概念，并给出了光子的能量、动量与辐射的频率和波长的关系，成功地解释了**光电效应**。

光电效应

电子

1913 年，玻尔在卢瑟福有核原子模型的基础上建立起原子的**量子理论**。

1924 年，在爱因斯坦光量子概念的启发下，德布罗意提出了**物质波假说**，德布罗意的物质波概念为人们发现量子的规律提供了最重要的理论基础。1925—1926 年间，定量描述物质量子特性的最初理论——量子力学诞生了。

1926 年初，经过反复尝试之后，薛定谔终于发现了物质波的非相对论演化方程，即今天人们熟知的**薛定谔方程**。薛定谔方程的发现标志了量子力学的另一种形式体系——波动力学的建立。

1926 年下半年，看上去非常不同的矩阵力学和波动力学很快被证明在数学上是等价的。至此，量子力学的理论体系被创建完成。从此，人类开始进入**量子时代**。

量子力学能帮助我们穿越时空吗？

因为用我们人类目前所能拥有的航行速度，进行**恒星际航行**是不可能的，所以那些想象中的外星来客，通常总是被认为已经拥有时空旅行的能力。

然而，量子力学的相对论表明，一个人如果**高速运动**着，时间对他来说就会变慢；如果他的运动速度趋近于光速，时间对他来说就会趋近于停滞——以光速运行就可以永生。那么再进一步，如果运动的速度超过光速（尽管相对论假定这是不可能的），会发生什么情况？推理表明，时间就会倒转，人就能够**回到过去**，像诸多科幻片里的时间机器一样**穿越时空**。

看不见的"纳米世界"

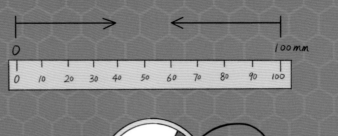

什么是"纳米"

通常，我们把平常接触到的世界叫作宏观世界，而把肉眼看不见的原子和分子等微小粒子组成的世界叫作微观世界，而"纳米"就是度量微小世界的长度单位。纳米单位非常小，只有1米的**十亿分之一**。

人们很难感受到1纳米到底有多小。**想象一下，一根头发是75000纳米，而一条DNA双链都有2纳米宽。**

纳米世界是如何被发现的

20世纪80年代，人类通过扫描隧道显微镜才第一次发现纳米世界。30多年来，纳米世界独有的神奇特性，已经催生出大量前沿科技，悄然改变了我们的生活。1959年，物理学家**理查德·费曼**发表了名为"底部充足的空间"的演讲，正式提出纳米技术。所谓纳米技术，就是在可控制的条件下，改变原子的连接结构以创造一种新的分子，是在原子、分子尺度上，研究物质的特性和相互作用，进行知识和技术创新，并对物质进行精确加工和原子制造的科学技术。纳米技术生产不同种类的**纳米级材料**（由纳米粒子组成），纳米粒子结构尺寸在1~100纳米之间。

纳米时代

现在，我们已经进入一个人人都使用、需要纳米技术的时代。许多早期科幻小说中所描述的纳米技术已经实现，只不过是以我们不易察觉的方式，比如它是智能手机或者其他各种设备的组件材料，但是我们并不知道这些是建立在纳米技术基础上的。纳米技术已经悄然渗透到了我们生活的各个方面，成为我们日常生活中的一部分。

从衣服、汽车、太阳镜到计算机和显示屏，纳米技术的应用无处不在。

比如，有些衣服中也添加**二氧化钛**和**氧化锌**来抵御紫外线，同时在衣服中添加**二氧化硅纳米粒子**用于防水，**银纳米粒子**用于抗菌。随着人们对纳米工程更加深入了解，纳米技术将对人们的生产和生活产生更多的影响。

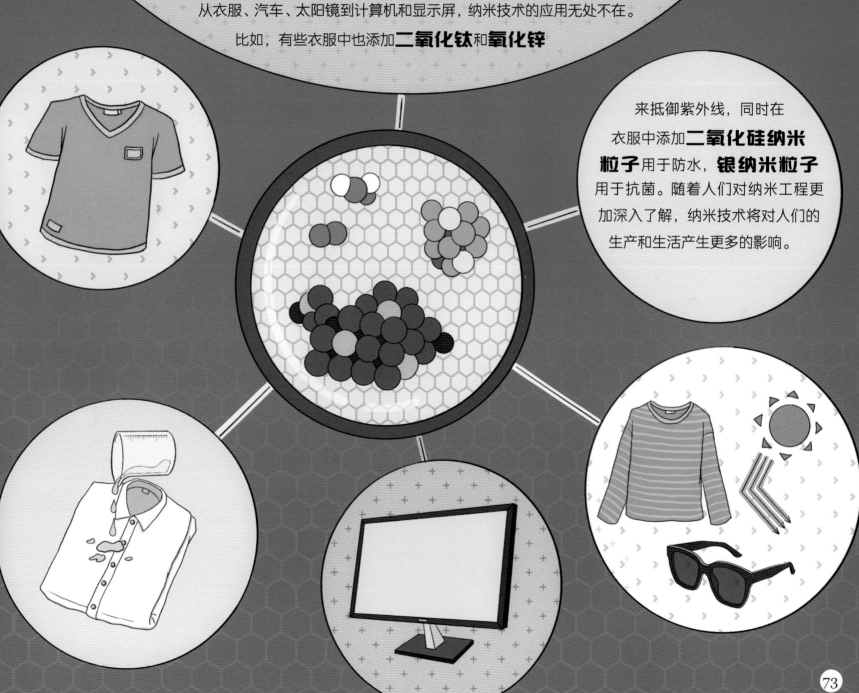

纳米技术制造的计算机

纳米计算机是用纳米技术研发的**新型高性能计算机**。纳米管元件尺寸在几纳米到几十纳米之间，质地坚固，有着极强的导电性，能代替硅芯片制造计算机。

现在纳米技术正从微电子机械系统起步，把传感器、电动机和各种处理器都放在一个硅芯片上从而构成一个系统。应用纳米技术研制的计算机内存芯片，其**体积只有数百个原子大小**，相当于人的头发丝直径的千分之一。纳米计算机不仅几乎不需要耗费任何能源，而且其性能要比今天的计算机强大许多倍。

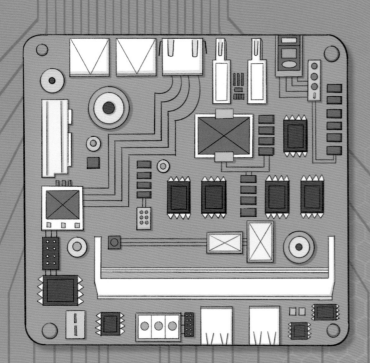

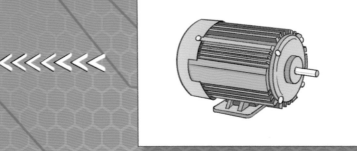

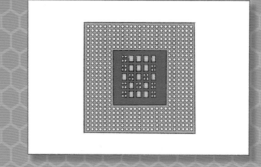

纳米涂层如何保护牙齿健康？

龋病、牙周疾病是损害口腔健康的常见病，当变形链球菌等有害细菌在牙齿上繁殖形成生物膜（即斑块）时，就会出现蛀牙，即**龋齿**。

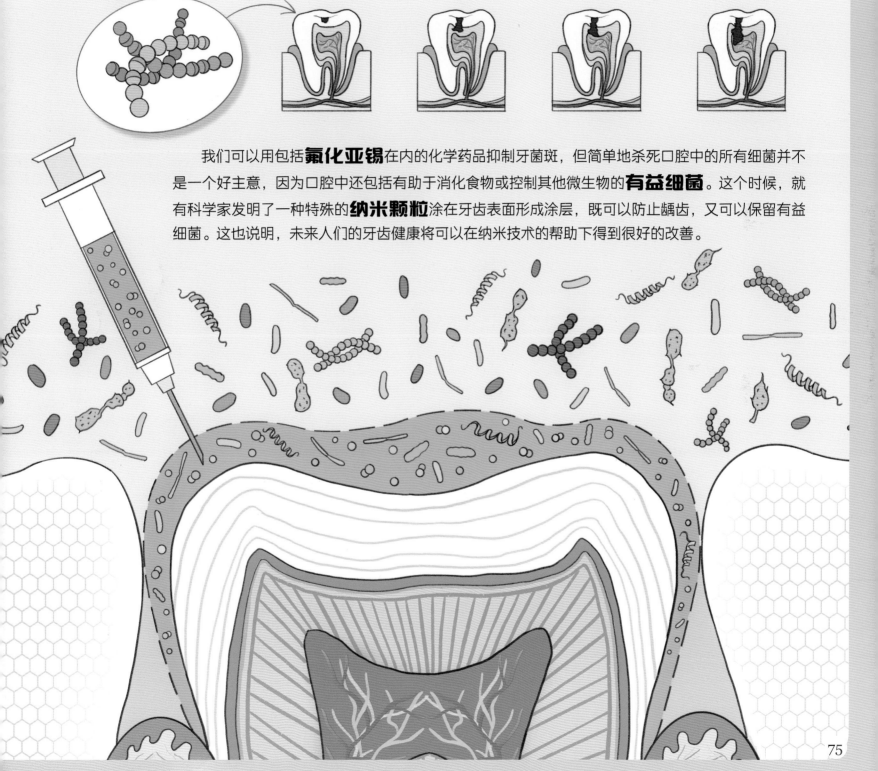

我们可以用包括**氟化亚锡**在内的化学药品抑制牙菌斑，但简单地杀死口腔中的所有细菌并不是一个好主意，因为口腔中还包括有助于消化食物或控制其他微生物的**有益细菌**。这个时候，就有科学家发明了一种特殊的**纳米颗粒**涂在牙齿表面形成涂层，既可以防止龋齿，又可以保留有益细菌。这也说明，未来人们的牙齿健康将可以在纳米技术的帮助下得到很好的改善。

材料之王石墨烯神奇在哪里？

不平凡的石墨烯

2004年10月，安德烈·海姆和康斯坦丁·诺沃肖诺夫在《科学》杂志上发表了《电场对原子厚度的碳薄膜的影响》，报告了有关超碳薄膜——石墨烯的发现。2010年，安德烈·海姆和康斯坦丁·诺沃肖诺夫凭借石墨烯的发现，荣获**诺贝尔物理学奖**。

康斯坦丁·诺沃肖诺夫

安德烈·海姆

石墨是一类层状材料，即由一层又一层的**二维平面碳原子网络**有序堆叠而成，由于碳层之间的作用力较弱，因此石墨层很容易互相剥离，从而形成极薄的石墨片层。将石墨逐层剥离，直到最后只剩一个单层，即**厚度只有一个碳原子的单层材料**，这就是石墨烯。如果将石墨比作一本书的话，那么单层石墨烯就是其中的一页纸。

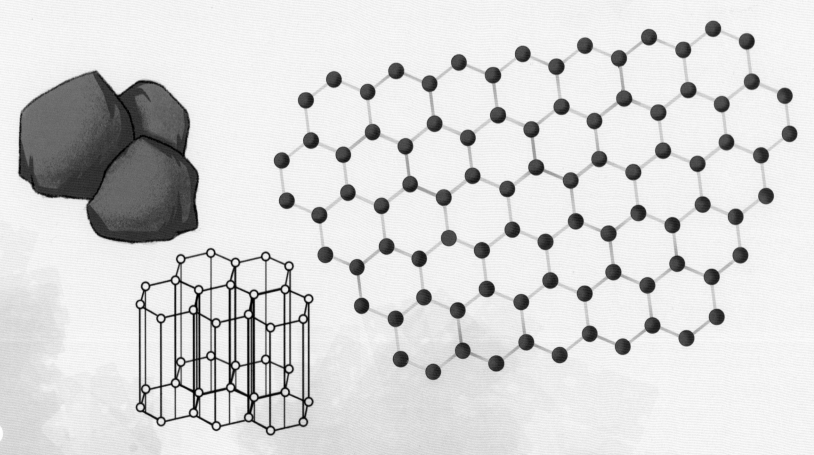

石墨烯的神奇之处

首先，石墨烯具有很强的**强度**。如果将一张和食品保鲜膜一样薄的石墨烯薄片覆盖在一只杯子上，然后试图用一支铅笔戳穿它，那么需要一头大象站在铅笔上，才能戳穿只有保鲜膜厚度的石墨烯薄层。而这样**强度极高**的石墨烯，厚度只有 0.335nm，是已知最薄的材料，是纸张厚度的**一百万分之一**。把 20 万片石墨烯叠加在一起也只有一根头发丝粗，石墨烯是一种轻如空气却坚硬过钢铁的完美材料。

其次，石墨烯是**完美的导体**。每一秒钟，光线所走的距离相当于绕地球 7 圈的长度，电子在石墨烯中的传播速度达到光速的 1/300，极大超越了现今所有导体。除了**导电**一流，在**导热**领域石墨烯也是一骑绝尘。

此外，石墨烯具有**高透光率**。石墨烯透光率高达97.7%，几乎完全透明。未来若完全实现石墨烯民用，可以想象，城市中再也没有各种交错穿梭的电线，取而代之的是毫无痕迹、速度极快却无一丝存在感的石墨烯线网。

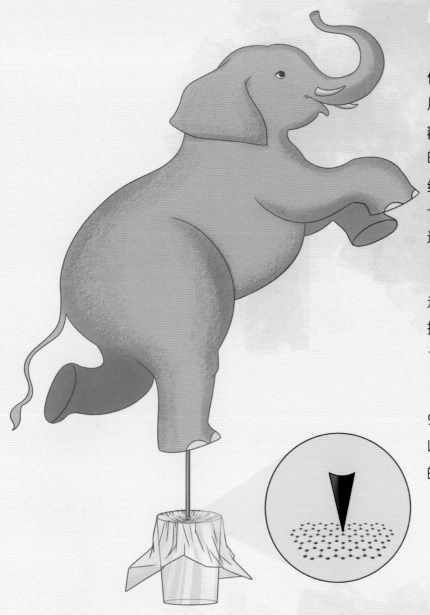

你身边的石墨烯

石墨烯看似一个遥远的实验室名词，但其实在生活中，我们经常使用的铅笔在纸上轻轻划过，留下的痕迹就可能是几层甚至仅仅一层石墨烯。

自己如何做一个电池?

一个**负极**、一个**正极**和一些**电解质**就构成了最简单的电池。带负电荷的电子通过电解质从负极流向正极，就形成了电流。水果电池就是利用水果中的化学物质和金属片发生反应产生电能的一种电池。两种金属片的**电化学活性**是不一样的，其中更活泼的金属片能置换出水果中的酸性物质的氢离子，产生正电荷，另一金属片失去电子产生负电荷，因此闭合回路中产生电流。

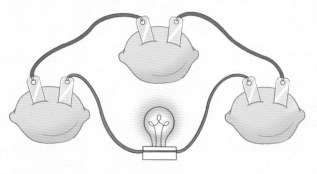

负极通常使用锂金属氧化物制造，带有这种负极的电池就被称为**锂离子电池**。锂离子电池之所以最常用，是因为它们能量容纳率最高，能够放进手机这么小的空间里。在充电和放电时，锂离子电池的能量密度是传统可充电电池的**3倍**。

不管是笔记本电脑还是手机，我们每天总要用到好几个锂离子电池。自从20世纪90年代上市以来，这些**可充电电池**让我们的计算机和电子设备变得可移动，甚至包括汽车。

电动汽车充电桩

什么是超级钢？

我们对钢的印象一直是刚或者柔，钢似乎难以满足**刚柔并济**的性能要求。其实，对于钢这样的材料而言，最大的制约就是强度、韧性和延展性三者之间的平衡。因为一般其中的任一项指标增强就会影响另外两项指标，所以这三种性能之间的平衡一直难以兼顾。而科学研究却让柔软又坚硬的钢材成为可能。

这种超级钢的出现主要得益于制造工艺的改善，其采用了一种新的**变形分配法**，它的韧性来自于一种独特的设计特征。当材料表面出现断裂时，在其下方会形成多条细小的裂纹。这些细小的裂纹会继续吸收外力的能量，防止主裂纹过快扩张。这种新型超级钢的出现，一方面将促使传统钢材的性能改造有了更进一步探索的可能，另外一方面将极大地**拓宽钢材的应用领域**。

这种超级钢可应用于各种领域，包括超强防弹衣、桥梁电缆、轻型汽车和军用车辆、航空航天、建筑行业的高强度螺栓和螺母等。

科学家们为什么要探测火星？

火星是太阳系中与地球最相似且距离较近的行星，因此成为目前除地球以外人类研究程度最高的行星。

认识火星

火星的一天约为 24.6 小时，与地球十分接近；火星一年约为 687 地球日，少于 2 个地球年；其自转轴与公转轨道面倾角约为 65°，所以存在四季变化，这也和地球相似；火星大气很稀薄，以 CO_2 为主，压力大约只有地球的 1%；虽然火星表面温度平均仅为 -63℃，但夏天阳光直射区域温度则可以上升到约 20℃，赤道附近的极端最高温度则有机会达到 30℃左右。

另外，火星的直径约为地球的 1/2，体积约为地球的 15%，质量约为地球的 1/10，重力加速度约为地球的 1/3。火星的表面大都为沙丘、砾石，也有不少陨石坑、火山与峡谷。此外，火星有**两个天然卫星**。

正因为火星是太阳系里与地球最为相似的行星，所以探测火星、了解火星的起源和演化，有助于人类进一步认识地球和太阳系的形成和演化，预测地球的未来变化趋势。

VS

	24小时	一天	24.6小时
365天		一年	687地球日
	1	直径	1/2
100%		体积	15%
	1	质量	1/10
	1	重力	1/3

火星居住计划

大量迹象表明，火星以前很可能与目前的地球一样，只是经过几十亿年的演化才变成大气层稀薄、温度较低、水源枯竭等今天这个样子；而另一颗离地球很近的行星——金星正好与之相反。所以，不少天文学家推断，火星是地球的未来，金星是地球的过去。因此，深入探测火星，这对研究地球的演变，防止它变成人类难以生存的第 2 个火星具有促进作用。

未来家园

从长远看，火星探测还有可能解决未来地球上一些难以解决的问题。例如，地球可能终有一天会遭受地外星球的撞击而毁灭。因此有些科学家已开始研究向外太空移民的方案了，以保证人类的延续。为此，现在就必须逐渐全面而深入地了解火星才行，为改造火星、建造火星基地奠定基础，做好准备。

中国如何"天问"火星？

2020年7月23日12时41分，执行我国首次火星探测任务的"**天问一号**"探测器，在海南文昌航天发射场点火升空。"天问一号"重 240 千克，为"毅力号"的四分之一，大小相当于一辆小型高尔夫球车。火星车将携带 6 台科学仪器，其中一台为**探地雷达**（GPR），它和"毅力号"上的探地雷达将成为火星上的首批此类设备。"**祝融号**"火星车的成功登陆，让中国首次火星探测任务着陆火星取得圆满成功。

"天问一号"的名字源于伟大的爱国主义诗人屈原的长诗《天问》，表达了中华民族追求真理的坚韧与执着，体现了对**自然和宇宙空间探索**的文化传承，寓意探求科学真理征途漫漫，追求科技创新永无止境。

人类第一次登上月球是什么时候？

对于月亮，人类从未停止过探索，从中国古代的**嫦娥奔月**开始，人类对月亮一直心存着美好的幻想。现如今科技飞速发展，登月计划也早就拉开了序幕，早在 1961 年 5 月 25 日，就有了著名的**"阿波罗"载人登月计划**。

人类首次登月的时间，是在 1969 年 7 月 20 号，美国的阿波罗 11 号成功登陆月球。当时的航天员尼尔·阿姆斯特朗和巴兹·奥尔德林成为了世界历史上**最早**登陆月球的人类。

美国的阿波罗登月计划，是迄今为止最为庞大的月球探测计划。当阿姆斯特朗将靴子踏上月球的那一刻，他说道："**对于一个人来说，这是小小的一步，但是对于全世界的人类来说，这是巨大的飞跃。**"

世界上真的有外星人吗？

世界上到底存不存在外星人呢？其实这个问题也一直困扰着科学家们。我们已经知道，在银河系中，有着一至两千亿颗恒星，我们的太阳只是其中普普通通的一颗；在整个宇宙中，星系的数量在**十亿级**以上，我们的银河系也只是其中普普通通的一个。

事实上，**外星人**是否存在，科学界一直是有争论的。如果完全从常识出发来推论，外星人存在的可能性当然是无法排除的。在外星文明问题上发表过大量作品的卡尔·萨根认为，我们没有理由自诩为空前绝后或最理想的生物："在宇宙戏剧中，我们不是主角。"

在那之前，一个简单的事实是：**人类既没有发现外星人存在的证据，也不能提供外星人不存在的证据。**而随着科学的发展，科学家们通过研究证明了外星人存在的可能性。

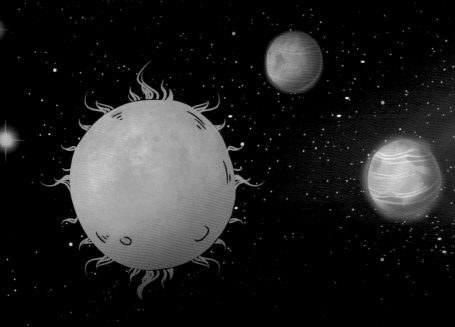

太阳是恒星，围绕恒星旋转的行星，比如地球，在一定的条件下可以形成生命。科学家们的运算基于一组**假设**。首先，假设银河系其他类似地球的星球上，智慧生命的形成和进化跟地球文明一样，那么行星诞生几十亿年后自然而然就会出现生命，然后不断进化。根据天体生物学**哥白尼原则**，在必要条件都具备的情况下，从化学反应到星球形成，一切都可能发生。

于是，科学家们给出了关于外星人的最新的答案，那就是：我们所处的银河系中至少有 36 个与地球相似的、活跃的、科技发达的智慧文明，或者说外星文明。

不过，因为距离地球太远，我们与外星文明接触的可能性**极小**，而这些外星文明是否存在或曾经存在过，可能将成为永远无解的谜。但至少，外星文明是否存在，地球是不是银河系的孤独星球，关于这个古老的问题第一次有了具体的推测。

宇宙有多大？

　　一般我们认为，宇宙起源于一次**大爆炸**。爆炸产生的气体和云团舞动着、旋转着，聚集成胚胎时期的星系。宇宙非常广阔，天文观测发现，宇宙中众多星系构成的庞大产物串成丝状或卷须状网络维系在一起的，仿佛混沌的"**星系际高速公路**"。

　　根据可反映星系发展状态的序列号对星系进行分类，可以粗略地将星系划分为**椭圆星系**、**透镜星系**、**旋涡星系**、**棒旋星系**和**不规则星系** 5 种。在 2016 年的一项研究中，科学家认为，整个可见宇宙拥有 2 万亿个星系。除了星系还有**恒星**和**黑洞**。我们最熟悉的离地球最近的恒星就是太阳。黑洞则是一种引力极强的天体，就连光也不能从它那里逃脱。由于黑洞中的光无法逃逸，所以我们不能直接观测到黑洞。

椭圆星系

透镜星系

旋涡星系

棒旋星系

黑洞（假想图）

什么是宇宙的"墙"？

星系并不是随机地散布在整个宇宙中，它们沿着巨大的氢气链，聚集成更大的成串的细丝，每个星系间被巨大的空旷的区域隔开。每条细丝基本上都是一堵星系墙，绵延上亿光年，它们是已知宇宙中最大的结构。目前发现的宇宙"墙"有 CfA2 长城、斯隆长城、武仙 - 北冕座长城、牧夫座空洞。

这些星系墙组合起来就是天文学家所说的"**宇宙网**"。将宇宙网连接起来是宇宙学的一项重要研究，它不仅可以告诉我们有关宇宙结构及其内部的信息，还可以帮助我们更好地了解宇宙是如何形成的，以及宇宙随着时间会如何演变。

不规则星系

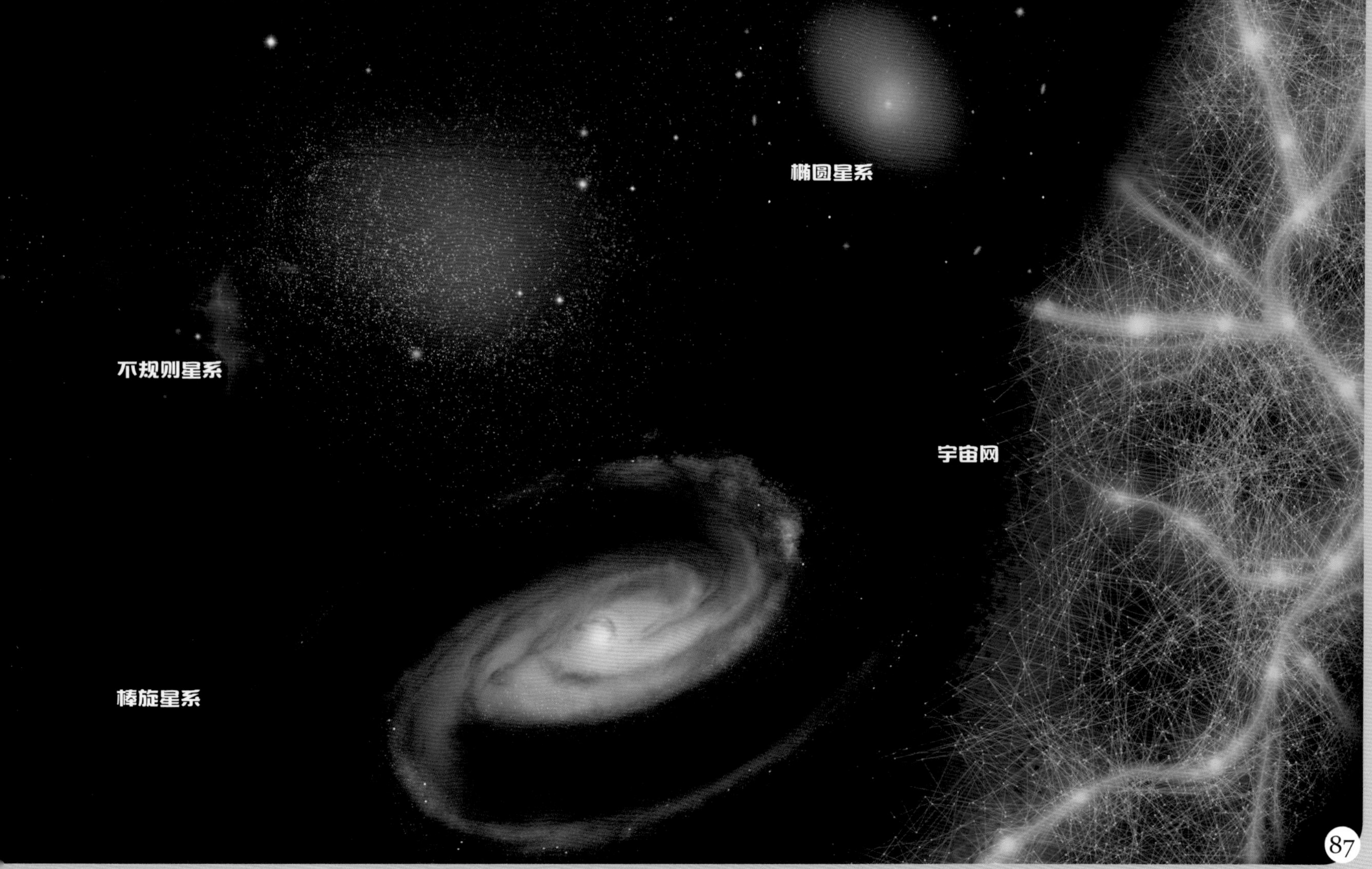

椭圆星系

宇宙网

不规则星系

棒旋星系

图书在版编目（CIP）数据

改变未来的自然科学 / 陈根著 ; 陈晓珊等绘 .

北京 : 电子工业出版社, 2021.9

（给孩子讲前沿科技）

ISBN 978-7-121-41883-9

Ⅰ . ①改… Ⅱ . ①陈… ②陈… Ⅲ . ①自然科学—少

儿读物 Ⅳ . ①N49

中国版本图书馆CIP数据核字（2021）第173583号

责任编辑：苏　琪　　　　文字编辑：杨　鸥　吕姝琪

印　　刷：河北迅捷佳彩印刷有限公司

装　　订：河北迅捷佳彩印刷有限公司

出版发行：电子工业出版社

　　　　　北京市海淀区万寿路173信箱　　　邮编：100036

开　　本：787×1092　1/12　印张：16　字数：118.20千字

版　　次：2021年9月第1版

印　　次：2021年9月第1次印刷

定　　价：158.00元（全2册）

　　凡所购买电子工业出版社图书有缺损问题，请向购买书店调换。若书店售缺，请与本社发行部联系，联系及邮购

电话：（010）88254888，88258888。

　　质量投诉请发邮件至zlts@phei.com.cn，盗版侵权举报请发邮件至dbqq@phei.com.cn。

　　本书咨询联系方式：（010）88254164转1821，zhaixy@phei.com.cn。

陈 根

知名科技作家，教授级高级工程师。剑桥大学博士后，北京大学特邀课程教授，南京航空航天大学客座教授，北京林业大学硕士研究生导师，华东理工大学创新创业导师。任人民日报、CCTV、第一财经、澎湃、福布斯、凤凰网、新浪、网易，以及路透社、澎博、英国金融时报、日本每日经济等多家国内外知名媒体的特约评论员与专栏作家。

出版多部金融、科技等主题的著作，多本著作以多种语言在美国、英国、加拿大、澳大利亚、法国、德国、日本等20多个国家和地区出版。

插画绘制团队：陈晓珊 田喆 陈奕心 王睿 陈晓晴